中国科普作家协会原理事长、
中国科学院院士刘嘉麒作序推荐

科学的故事丛书
THE STORY OF SCIENCE

徜徉科学世界，汲取自然灵气，浓缩历史精华。
让阅读，与众不同。

The Story of Physics

物理的故事

杨天林 / 著

刘金岩 / 审订

科学出版社

北　京

图书在版编目（CIP）数据

物理的故事／杨天林著. —北京：科学出版社，2018.4
（科学的故事丛书）
ISBN 978-7-03-053747-8

Ⅰ.①物…　Ⅱ.①杨…　Ⅲ.①物理学-普及读物　Ⅳ.①O4-49

中国版本图书馆 CIP 数据核字（2017）第138766号

丛书策划：侯俊琳
责任编辑：张　莉　乔艳茹／责任校对：张小霞
责任印制：赵　博／插图绘制：郭　警
封面设计：有道文化

编辑部电话：010-64035853
E-mail: houjunlin@mail.sciencep.com

科 学 出 版 社 出版
北京东黄城根北街16号
邮政编码：100717
http://www.sciencep.com
天津市新科印刷有限公司印刷
科学出版社发行　各地新华书店经销
*
2018年4月第　一　版　开本：720×1000　1/16
2025年2月第四次印刷　印张：14 1/4
字数：200 000
定价：48.00 元
（如有印装质量问题，我社负责调换）

总　序
科学中有故事　故事中有科学

　　人类来源于自然，其生存和发展史就是一部了解自然、适应自然、依赖自然、与自然和谐共处的历史。自然无限广阔、无限悠长，充满着无数奥秘，令人类不断地探索和认知。从平日的生活常识，到升天入地探索宇宙的神功，无时无地不涉猎科学知识，无事无物不与科学密切相关。人类生活在一个广袤的科学世界里，时时刻刻都要接受科学的洗礼和熏陶。对科学了解的越多，人类才能越发达、越进步。

　　由杨天林教授撰著的"科学的故事丛书"，紧密结合数学、物理、化学、天文、地理、生物等有关知识，以充满情趣的语言，向广大读者讲述了一系列富有知识性和趣味性的故事。故事中有科学，科学中有故事。丛书跨越了不同文化领域和不同历史时空，在自然、科学与文学之间架起了一座桥梁，为读者展现了一个五彩缤纷的世界，能有效地与读者进行心灵的沟通，对于科学爱好者欣赏文学、文学爱好者感悟科学都有很大的感染力，是奉献给读者的精神大餐。

　　科学既奥妙，又充满着韵味和情趣。作者尝试着通过一种结构清晰、易于理解的方式，将科学的严谨和读者易于感知的心灵联系起来。书中的系列故事和描述引领读者走向科学的源头，在源头和溪流深处追忆陈年往事，把握科学发展的线索，感知科学家鲜为人知的故事和逸闻趣事。这套书让读者在阅读中尽情体会历史上伟大科学家探索自然奥秘的幸福和艰辛，可以唤起广大读者，特别是青少年朋友对科学的兴趣，并在他们心中播下热爱科学的种子。

科学出版社组织写作和出版这套丛书，对普及科学知识，提高民众的科学素质无疑会发挥积极作用。我期待这套丛书早日与读者见面。

中国科普作家协会原理事长
中国科学院院士

2018 年 1 月

前　言

科学的源头在哪里？科学是如何发展起来的？在人类社会的发展和变革中，科学曾经产生了怎样的影响？我们对宇观世界的认识、对宏观世界的认识、对微观世界的认识是如何得来的？

翻开"科学的故事丛书"，你一定能找到属于自己的答案。

作者在容量有限的篇幅中，将有关基础知识、理论和概念融合成一体，在一些领域也涉及前沿学科的基本思想。阅读"科学的故事丛书"，有助于读者从中了解自然演变和科学发展的真实过程，了解散落在历史尘埃里的科学人生及众多科学家的人文情怀，了解科学发展的线索，了解宇宙由来及生命演化的奥秘。借此体验科学本身的魅力，以及它曾结合在文化溪流中、又散发出来的浓烈异香。

本套丛书中，有古今中外著名科学家的趣闻轶事，有科学的发展轨迹，有自然演化和生命进化的朦胧痕迹，有发现和创造的艰难历程，也有沐浴阳光的成功喜悦。丛书拟为读者开辟一条新路径，旨在换个角度看科学。我们将置身于科学精神的溪流中，潺潺而过的是饱含科学韵味的清新语言，仿佛是深巷里的陈年老酒，令人着迷甚至痴醉。希望读者能够通过阅读启发心智、培养情趣、走进神圣自然、感知科学经典。

英国著名历史学家汤因比（Arnold Joseph Toynbee）曾说："一

个学者的毕生事业，就是要把他那桶水添加到其他学者无数桶水汇成的日益增长的知识的河流中。"本套丛书就是一条集合前人学者科学智慧的小溪，正迫不及待地汇入知识河流中，希望能够为不同学科、不同领域间的沟通和交流起到媒介、引导作用，也期望更多对自然科学感兴趣的爱好者能够在阅读中体验到一份来自专业之外的惊喜和享受。

目 录

总序　科学中有故事　故事中有科学　　　　　　　　i

前言　　　　　　　　　　　　　　　　　　　　　　iii

第一章 ○ 究天人之际　　　　　　　　　　　　　　1

　　一、夜观星象　　　　　　　　　　　　　　　　2

　　二、心怀穹庐　　　　　　　　　　　　　　　　5

　　三、山雨欲来　　　　　　　　　　　　　　　　7

　　四、春暖花开　　　　　　　　　　　　　　　　9

　　五、播种在天涯　　　　　　　　　　　　　　　12

　　六、经纬度的确定　　　　　　　　　　　　　　13

第二章 ○ 给地球找个支点：阿基米德的故事　　　15

　　一、杠杆原理　　　　　　　　　　　　　　　　16

　　二、浮力定律　　　　　　　　　　　　　　　　17

　　三、工程技术　　　　　　　　　　　　　　　　22

　　四、用思想照亮世界　　　　　　　　　　　　　23

第三章 ○ 物理的天人合一　　　　　　　　　　　25

　　一、从精确测量开始　　　　　　　　　　　　　26

　　二、还宇宙以和谐　　　　　　　　　　　　　　27

三、罗伯特·胡克：不仅仅是弹性定律　　29

四、惠更斯：站在伽利略与牛顿之间　　31

第四章　挑战传统：伽利略的故事　　36

一、总体印象　　37

二、自由落体　　39

三、惯性定律　　43

四、力的分解与合成　　45

五、钟摆的启示　　46

六、光速有限　　48

七、为物理学奠基　　49

第五章　为物理而生：牛顿的故事　　51

一、为明天奠基　　52

二、重回剑桥　　53

三、成就大厦　　55

四、还原真实的历史　　58

五、《自然哲学的数学原理》　　59

六、影响所及　　60

七、对牛顿力学的思考　　61

八、引领世界　　63

九、笃信宗教　　63

十、站在巨人的肩上　　64

十一、并非结尾　　66

第六章　物质的表象　　67

一、振动与波动　　68

二、光与色的幻影　　70

三、光的速度　　　　　　　　　　　　72

四、光色原理　　　　　　　　　　　　75

五、光的干涉　　　　　　　　　　　　78

第七章　电与磁（一）：走出神话传说　　79

一、古老记忆　　　　　　　　　　　　80

二、神奇的力量　　　　　　　　　　　81

三、从驯服电开始　　　　　　　　　　83

四、风筝实验：富兰克林的故事　　　　84

五、库仑定律　　　　　　　　　　　　86

六、伏打电池　　　　　　　　　　　　87

第八章　电与磁（二）：从科学到技术的蜕变　　89

一、磁针转动　　　　　　　　　　　　90

二、安培定律和欧姆定律　　　　　　　91

三、电报和电话　　　　　　　　　　　92

四、电磁互感：法拉第的故事　　　　　93

五、电灯、电影、留声机：爱迪生的故事　　97

六、麦克斯韦与无线电　　　　　　　　101

七、电磁波的实验发现和应用　　　　　103

八、力与场的内涵　　　　　　　　　　105

九、经典理论充满生机　　　　　　　　106

第九章　冷与热的感觉　　　　　　　　107

一、热现象与温度计　　　　　　　　　108

二、理想气体状态方程式　　　　　　　112

三、热的本质　　　　　　　　　　　　113

第十章 ○ **宇宙的能量** **115**

一、蒸汽机的问世 116

二、卡诺的理想热机 118

三、能量守恒定律的发现 119

四、宇宙真的会"热寂"吗 123

五、不必"杞人忧天" 128

六、用理性来还原真实 130

七、永动机：幻想还是谎言 131

八、吉布斯：默默无闻的高人 135

九、小结 139

第十一章 ○ **探索微观世界** **140**

一、添砖加瓦 141

二、在黑暗中发现那一束光亮 143

三、徘徊在宏观与微观之间 144

第十二章 ○ **打开原子世界的大门：19 世纪末物理学的三大发现** **148**

一、物理学真的就那么完美吗 149

二、X 射线的发现 153

三、放射性现象的发现 156

四、电子的发现 163

第十三章 ○ **爱因斯坦和相对论** **167**

一、少年时代 169

二、游学瑞士 170

三、体验生存 171

四、不平凡的1905年 172

五、假如你能赶上光速：狭义相对论　　175

六、弯曲的时空：广义相对论　　177

七、梦想统一场理论　　181

八、成名之后　　183

九、启示作用　　186

第十四章 ○ **量子历程**　　**187**

一、普朗克：量子论的诞生　　188

二、爱因斯坦闯入量子世界　　189

三、卢瑟福：原子结构的"有核模型"　　190

四、玻尔的原子殿堂：哥本哈根学派　　192

五、德布罗意：物质波　　194

六、海森堡的"大量子蛋"：矩阵力学　　195

七、薛定谔方程：波动力学　　197

八、海森堡：测不准原理　　198

九、科学是一把双刃剑　　199

第十五章 ○ **霍金的宇宙思想**　　**200**

一、为时间书写历史　　201

二、我们从何而来　　202

三、霍金的时空观　　203

四、《时间简史——从大爆炸到黑洞》　　204

五、我们向何处去　　206

六、宇宙学是新思想的摇篮　　207

七、量子力学和相对论之后现代物理学的新进展　　207

参考文献　　210

后记　　212

第一章
究天人之际

　　大概从人类会思考时起，就开始了对宇宙的探索，包括探索它的周期性运动，人类的这种爱好（或者说兴趣）一直持续到今天。

　　不过，在遥远的古代，人类所有的思考都汇集在一处，后来从里面生长出智慧和思想，它们都包容在科学之树下，其中最重要的一部分就是物理。

　　人类生活在这个世界上，第一要务便是生存，自古至今，概莫能外。为了生存，人类就要观察和了解自然，在古代尤其如此。

　　神秘莫测的自然现象引发了人们的好奇，对未知世界的探索便是走向科学的开始。"生命轮回""物换星移"之类的自然现象一遍又一遍地启发人们思考：世界的变化有无规律可循？什么才是物体的本性？以此为起点，陆续诞生了后来的诸多自然学科。

　　今天的物理学、化学、生物学、天文学等，在古代并没有划分得十分清晰的学科界限，也几乎不见相应的学科名词。

　　通过了解自然现象，人类将日常的感觉经验上升到理论高度，并进一步把理论或原理转化为技术手段，为自身的利益服务。而物理，会考察物体为什么运动，或为什么静止。这看起来似乎很有道理，也符合物体运动的规律，人类就是从这一点出发思考问题的，而且自古以来就是这么做的。

一、夜 观 星 象

　　早期的天文观测就是对物理知识的简单运用。在从狩猎到游牧再到农耕的历史进程中，天文观测不可或缺，到了农耕文明时，其重要性更加突出，历法的形成就以此为基础。历法的制定为人类的生产和生活带来极大的便利，特别是服务于农业生产，方便了人们的出行。

　　谁能想到，英国索尔兹伯里以北的古代巨石阵（Stonehenge）建筑遗迹可能就是远古人类观测天象的地方。类似这样的地方，也是古代人类所崇拜的。如果有机会到英国，你可以到那里参观一下。

在文字出现之前，知识的积累只能靠口口相传。远古社会懂得天文和历法的人，一般也只传给自己的亲人或部落里最亲近的人。那时，甚至还有群婚制或血婚制的残余，因此，他们不可能有像今天这样的家庭概念。尽管如此，他们的后辈还是在后来建立了最有权威的家族，如中国古代神话传说中的人物伯益、神农、风后等。

中国古代的"士"是早期专业的祭司，他们也许是最早的知识分子。那时候的祭司不仅神秘，还是社会上的特权阶层，只是在春秋之后，才逐渐失去了其在政治上的优势。

夜观星象是古代人所爱，他们甚至不需要什么仪器，只要持之以恒，就可能有所收获。看得多了，人们就发现了一些规律。例如，北极星似乎永远不动，而其他的星星（除了极少数外），都以相同的步调在运动。

宇宙看起来像一个大玻璃球，日月星辰都在这个玻璃球顶上运行，而地球似乎就位于中央。宇宙的有序结构意味着有一种神奇的力量在支配着自然，包括我们自身。对这种神奇力量的探索就是物理学的主要任务。

温带地区常常是四季分明，那里的人很容易把天象，特别是把日月的运行与季节的变化联系起来，这对于指导农业生产很有用处。因此，制定历法就成为国家大事。人们也逐渐意识到，天体运动将影响到人民的福祉。人们甚至认为，灿烂的星象决定着每个人的祸福。占星术借此壮大自己的实力、扩充自己的地盘，不过，这也推动了科学的发展，特别是推动了物理学的发展。

在自然科学方面，特别是在物理学方面，墨子是中国先秦时期的重要人物，他生活在孔子之后、孟子之前。墨子也观星象，和绝大多数古代星象学家一样，他的目的不是理解宇宙的结构，而是预测人间的祸福。墨子在数学和物理学方面的造诣达到了一定高度，他的哲学是实用的。

在自然科学思想方面，墨子做出了很大贡献。例如，圆与四方形属于几何学（数学），折射与倒影属于光学（物理学），墨子对运动与时间、空间的关系，以及对人类生命等现象的解释，都具有划时代的意义。墨子对"六艺"中的以射、御、书、数为代表的科学技术知识有着浓厚的兴趣，据说他制造守城器械的本领十分高明。

墨子一生中的伟大事迹之一，是制止了一场楚国进攻宋国的战争，史称"止楚攻宋"。经过这一事件，墨子及墨家善于守城和防御的名声远扬。从"墨守成规"这个成语可以看出墨子"善守"的影响之深。

在我国古代，天文观测不是一般人所能为，他们也不能随便观测天象，否则就是犯上。所以，观测天象、制定历法是官方的职责和权力的象征。"钦天监"就是这样的机构，纵观中国历史可以发现，历朝历代都有类似的机构。其官员都是皇帝的御用知识分子，他们负责向皇帝提供有关天象的情况，也包括有关天气变化的情况。皇帝根据他们提供的信息或预言来决定国家大事，如祭祀宗庙、与邻国交战、巡游民间、修庙凿窟或其他重大事件。

在这方面，有很多取得杰出成就的人，比如东汉时期的张衡（78—139）。张衡是中国古代著名的科学家，浑天仪的制造者——这些仪器的制造都离不开物理学知识。还有唐玄宗时期的一行和尚（683—727），他曾经主持了大规模的天文观测，推算过地球表面的曲率，预言过日食。元朝的郭守敬（1231—1316）也是一位大科学家，在忽必烈的支持下，他主持了更大规模的天文观测，其观测站点从南到北绵延一万里，东西长达五千里，分布范围相当广，时人把他的观测叫作"四海测验"。

古代中国人对宇宙的形状有自己的看法，比如可能源于殷末周初的"盖天说"。早期的"盖天说"认为，"天圆如张盖，地方如棋局。""盖天说"认为，地平而不动，仅仅是星辰在天盖上移动。在当时，甚至在今天，这种说法都是相当深入人心，或者说，很容易引起人们的共鸣。之所以如此深入人心，是因为它符合人们的感觉经验。南北朝时期的民歌《敕勒歌》中就有"天似穹庐，笼盖四野"这样的句子。

13 世纪以前，中国的科学技术水平遥遥领先于世界其他国家，后来由于种种原因才开始衰落。其中，封建专制思想对人们的禁锢和僵化冥顽体制对社会的约束很可能是阻碍科学技术发展的主因。

二、心怀穹庐

古希腊文明是西方文明的源头。在毕达哥拉斯（Pythagoras，约公元前 572—前 497）的心目中，哲学就是爱智，万物皆为数字。德谟克利特（Democritus，约公元前 460—前 370）的原子论隐含着最早的物理学思想。在这个时期，哲学家的主要兴趣集中在"存在"或"物的本质"上，因此可以说，他们的目光所及，就是我们今天所谓的物理。

苏格拉底（Socrates，公元前 469—前 399）、柏拉图（Plato，公元前 427—前 347）和亚里士多德（Aristotle，公元前 384—前 322）是古希腊由盛而衰时期的三大哲学家，他们是爱琴海沿岸的著名学者，也是雅典智慧的化身。

苏格拉底关注"人的存在"，虽然他本人并没有著作流传下来，但他的思想通过学生影响了后来很多的人。柏拉图和亚里士多德都是著作等身，特别是亚里士多德，是一个百科全书式的人物，集古希腊哲学之大成。在 17 世纪以前的欧洲，他的学术思想就是权威和经典，是神圣不可冒犯的。在门类庞杂的著作中，亚里士多德有一本书就叫作《物理学》（*Physics*）。他所谓的"物理"不可与今日的物理同日而语。比如，在他的"物理"中，讲天文，讲化学，甚至讲生物学，讲得更多的是认识世界的方法和视角，所有这些都是他的哲学思想的体现。从那些断编残简中传达过来的，都是对宇宙的思考和对人自身去向的疑问。

马其顿的亚历山大大帝（公元前 356—前 323）在位仅 13 年，

却建立了横跨欧、亚、非三大洲的帝国。亚历山大去世后，他的帝国也随之土崩瓦解。在此后约 1000 年（公元前 332—642）的时间里，亚历山大里亚城成为文化中心。那时候，坐落在尼罗河口的这座城市学术繁荣，经济也繁荣，这座城市的大学和图书馆是当时最美的风景线。

欧几里得（Euclid，公元前 330—前 275）在这里完成了《几何原本》，托勒密（Claudius Ptolemy，90—168）在这里完成了《至大论》（*Almagest*）。公元前 30 年，罗马人征服了这座城市。4 世纪，君士坦丁大帝（Constantine the Great，272—337）临终受洗以后，天主教会在罗马帝国成为不容挑战的正统。390 年，一群天主教徒毁坏了亚历山大里亚城的大学和图书馆，建筑的倒塌和书籍的焚毁带来了学术和文化的衰落。

在自然地理方面，希腊处在海洋的包围之中，他们的民族最早从事航海也是预料之中的事情——那既是生存的需要，也是发展的必由之路。所以，当古希腊人认为地球是圆的时候，我们却还认为地球是平的。

亚里士多德的两本书《物理学》和《论天》（*On the Heavens*）就涉及相应的问题，它们是早期物理学与天文学的雏形，其中所讨论的是我们从哪里来、到哪里去，或者是物体何以动、何以静，等等。亚里士多德认为，地上的物体与天上的物体是完全不同的。他说，地上的物体就是人间；天上的物体充满了神性，像太阳、星星等，永恒地以圆周运动等速运行。他进一步说，那种运动是完美的，所以才有了"圆形是最完美的图形"这样的说法。

关于行星运动的问题，需要解释的不是它们为什么能保持运动，而是运动的轨道为什么是闭合曲线而不是直线。

地上之物主要是我们肉眼能看到的那些物质。在生命界，存在着荣枯盛衰之类的自然现象和轮回过程。不过，亚里士多德是从物质的构成要素来看待这些物质的，他的"四元素说"影响巨大。这四种元素分别是土、气、水、火，亚里士多德认为它们构成了世界万物，而且各自有各自的位置。从亚里士多德的观点来看，火向上，土向下，水与气则在其间。

在水平方向的运动则是另一回事。亚里士多德说，当物体不受力时，是永远不会动的。有一次有人问亚里士多德，平抛一块石头，石头离开手之后，为什么还能飞行一段距离。亚里士多德说，那是因为石头移动后留下了真空，但自然界厌恶真空，空间立刻被气填满，而正是气对石头产生了一种推动力，所以石头在离开手之后还能飞行一段距离。现在听起来这种解释有些荒谬，但在当时还可称之为一种自洽的学说。

在亚里士多德的宇宙论中，地球是万物的中心，其余一切都随它转动。这个宇宙体经过托勒密的改进，能比较准确地描述行星的运动规律。托勒密的"地心说"完满地体现在他的专著《至大论》中，后来的学者，特别是阿拉伯学者，对托勒密的思想进行了修改和润色，"地心说"开始在全世界流行，一直到"日心说"出现。

三、山 雨 欲 来

几千年前，人们就开始琢磨天与地的关系。托勒密认为，地球是宇宙的中心，太阳、月亮等恒星、行星都围绕地球运动。在当时，这是一个很时髦、很权威的学说，除了极少数人外，绝大多数人都承认地球是宇宙的中心。

托勒密"地心说"的权威性源于它非常符合基督教对宇宙结构的解释，因此，得到教会的竭力宣扬和扶持。所以，我们才会看到托勒密的思想在世界上盛行1000年的奇观，中世纪快要结束时，"地心说"仍然神圣不可侵犯。

7世纪，穆罕默德（Muhammad，约570—632）创立伊斯兰教，其后继者以武力建立伊斯兰教帝国。642年，伊斯兰教徒毁灭了亚历山大里亚城的大学和图书馆。那时候，处于唐朝的中国正迎着早晨八九点钟的太阳发展壮大。

从那时起，欧洲进入了所谓的黑暗时期，即我们所说的中世纪（Medieval，约476—1453）。正是在这一时期，思想故步自封，学术定于一尊。教会掌握了几乎所有的教育工具，知识分子几乎沦为宗教的点缀，连亚里士多德也不能例外。那时候的哲学就是所谓的经院哲学（scholastic philosophy），经院哲学家的大部分作品是非常程式化的，或者说是非常教条的，类似于中国封建专制社会产生的那些毫无思想锐度的八股文。在这一大背景下，科学发展步履维艰。而此时，中国的哲学已经演变为专制独裁的教条，"存天理、灭人欲"是冠冕堂皇的魔鬼。明朝的皇帝发布的一道道禁海令正在把唐朝的文化气韵和宋朝的科学精神一步步逼入死角。

英国人罗杰·培根（Roger Bacon，约1214—约1294）是方济会（Franciscan）教派的教士，因与教皇私交甚密，才可以做一些科学研究。你可能觉得不可思议，他研究自然科学，怎么还需要这一层特殊关系？因为那是中世纪。那时候，宗教教条如磐石一样凌驾于政治之上，自然科学所追求的是至真和至善，这正是宗教教条所厌恶的。所以，那时研究自然科学必须加倍小心，否则，就有可能冒犯上帝。大家或许知道，很多年后的伽利略把望远镜对准天空都算是对上帝的大不敬，后被罗马宗教定罪。

罗杰·培根的研究主要集中在光学领域，据说眼镜就是他发明的。他认为，托勒密的"地心说"不科学，他主张科学研究必须重视数学与观测，只有这样，研究结果才能与《圣经》合拍。

四、春暖花开

中世纪结束后，欧洲迎来了科学的春天。这时，印刷品开始流行，海上探险以 1492 年哥伦布的环海航行为标志，思想界的活跃以 1517 年马丁·路德（Martin Luther，1483—1546）的宗教革命为先锋。1452—1600 年约 150 年间，在科学和文化领域，欧洲大陆人才辈出，社会面貌焕然一新，这就是我们经常提及的文艺复兴（Renaissance）时期。

波兰天文学家哥白尼（Nicolaus Copernicus，1473—1543）是欧洲文艺复兴时期思想的引领者和重要人物。他认为，地球和其他行星都在围绕着太阳运动。哥白尼的理论后来迎来了很多拥护者，包括意大利天文学家布鲁诺（Giordano Bruno，1548—1600）、丹麦天文学家第谷（Tycho Brahe，1546—1601）、德国天文学家开普勒（Johann Kepler，1571—1630）和意大利物理学家伽利略（Galileo Galilei，1564—1642）等。

意大利的达·芬奇（Leonardo da Vinci，1452—1519）是文艺复兴时期一个多才多艺的人。说到达·芬奇，我们首先想到的是他是一位大画家，以及他的作品《蒙娜丽莎》《最后的晚餐》。事实上，达·芬奇还是一位极富创见的科学家。他的科学态度是，唯有通过数学推理才可以得到确定的知识，自然科学还必须重视观测。在此方面，他和培根几乎一样。达·芬奇强调怀疑，不迷信权威，重视实验，可以说是近代科学方法的探路人。

哥白尼出生时，欧洲正处在黎明前的黑暗之中，那时候，宗教的权威受到越来越大的挑战，科学的曙光就在前面。人们也常说，哥白尼是近代科学的引路人。和达·芬奇一样，哥白尼也是一个多才多艺的人，但他的兴趣主要集中在天文学与数学方面。沐浴在欧洲文艺复兴的灿烂阳光下，他从波兰一路走到意大利，接受了良好的教育。之后他又回到波兰，在一个叫弗伦堡（Frauenburg）的教堂里修行了30年，教堂的阁楼就是他观察天象的地方，他的《天体运行论》（也译为《论天球的旋转》）就是在这里完成的。

其实，太阳是宇宙中心的思想并非始于哥白尼，毕达哥拉斯就提出过这一思想，而毕达哥拉斯是古希腊人，亚历山大里亚城的阿利斯塔克（Aristarchus，约公元前315—前230）也有这个想法。如果说他们是靠猜测令人玄想，那么哥白尼就是通过计算让人信服。这正是哥白尼的特别之处，也是他的"日心说"影响巨大的原因。

计算、书稿完成之后，哥白尼迟疑了10年，他深知这本书的出版意味着什么。后来，因朋友一再鼓励，他才下决心出版《天体运行论》，并在书的扉页上小心翼翼地写下了"献给敬爱的教皇"之类的恭维话。其实，他心里十分清楚，教皇是不爱看的，不仅不爱看，还对书中的思想深恶痛绝。该书正式出版之时，哥白尼已生命垂危。据说他躺在病榻上，只用手抚摸了一下《天体运行论》的封面，就与世长辞了。虽然《天体运行论》被教会列为禁书，但思想的传播已经开始，是再也禁锢不住的。

今天，天文学已经比较成熟。我们知道，哥白尼学说的最大缺陷是，仍然要借助很多小轮来描述行星的运动；而最大的贡献是，认为恒星不动，太阳当然也就不动了。其实，动与不动都是相对而言的。哥白尼坚定地认为，他的宇宙体系比早先的"地心说"更加符合实际情况。当时的天文学仍是数学的一个分支，所以，哥白尼说，他只是在描述一个基本上是数学的宇宙。在这里，他没有为一个抽象构造做出推断性研究，而是用数学的方法描述了一个真实的世界。

托勒密相信恒星以圆形轨道运转，所以，他不得不借用亚里士多德的学说来完善自己的理论。亚里士多德的重要思想之一就是，天体是以圆形轨道运转的。

哥白尼的理论启发了后来的开普勒，他以椭圆形取代了圆形，这样就把哥白尼天球模型中的许多小轮也拿掉了。后来的布鲁诺更是向前迈进了一大步，他提出了无中心的无限宇宙论。但没有中心，上帝怎么会容忍？

布鲁诺是多明尼克（Dominican）派的教士，虽然是教会中人，但极富反叛精神。在死守教条的教士们的心目中，布鲁诺就是一个狂热分子。布鲁诺从哥白尼的系统向外推演，几乎否定了哥白尼的天球之说，提出了无中心的无限宇宙论。他说，太阳只是众多的恒星之一，地球也是宇宙中的一颗行星。人类也不是宇宙中唯一的存在。

他说的当然正确。但要命的是，他的主张与《圣经》中的主体思想发生了严重的冲突，或者说，他的思想与当时社会的主流意识形态格格不入。在专制社会，意识形态高高在上，不可亵渎，谁亵渎了至尊的意识形态，谁就没有好果子吃。在 16 世纪，上帝的眼里更是容不下一粒沙子。因此，布鲁诺只有死路一条——他被烧死在罗马的鲜花广场上，那是 1600 年。几百年之后，他的冤案才得以平反。

正是通过布鲁诺等科学家的质疑和宣传，哥白尼的学说才日益深入人心。黎明的曙光已经来临，一轮遥远的太阳昭示着一个新时代的开始。

根据哥白尼的理论，地球总是在运动，而且运动的速度还很快。既然这样，为什么我们觉察不出自己也在跟着地球一起运动？为什么我们没有因为地球的运动而被甩出去？怀疑是创新的开始，对问题的解答就意味着我们知识库的丰富。今天对这个问题的回答不仅完满，还很优美。

但在哥白尼那个时代，这还真是一个问题。哥白尼对此的回答是，这就像一个人坐在一艘大船上，他几乎觉察不出船在运动。哥白尼的解释生动、形象，又符合人们的感觉，在一定程度上启发了伽利略的力学研究。

德国诗人歌德（Johann Wolfgang von Goethe，1749—1832）就是哥白尼的崇拜者，他曾经说过这么一段话："哥白尼的'地动说'撼动人类意识之深，自古以来没有一种创见和发明，可与之相比……哥白尼的学说在人类的意识中造成了天翻地覆的变化，地球既然不是宇宙的中心，那么，无数古人所相信的事物将成为一场空了。谁还会相信伊甸的乐园、赞美诗的颂歌和宗教的故事呢？"尽管哥白尼的理论有很大缺陷，但歌德的溢美之词也无可厚非。

五、播种在天涯

罗杰·培根的思想揭示了欧洲人把注意力从天上转移到了人间，结果就是带来了欧洲科学技术的迅速发展，政治体制、社会结构和经济思想的创新紧随其后。

13 世纪末，一个叫马可·波罗（Marco Polo，1254—1324）的欧洲人东游到了元大都，在青草味、羊奶味浓重的帐篷里受到了忽必烈的接见。在元大都期间，他常常是忽必烈的座上宾。

在中国各地漫游了 20 年后，马可·波罗回到了威尼斯，写了一本书，这就是我们熟悉的《马可·波罗游记》。书中对中国的描写极尽夸张溢美之词，但也从一个侧面反映了中国的富裕和先进。与欧洲相比，13 世纪的中国确实先进，"先进"一词并不确切，应该说是遥遥领先。在欧洲人的心目中，中国遥远而又神秘，是他们一心向往的福地。他们以到过中国为荣，并以此作为自己一生的荣耀。拥有中国的东西也成为当时的时尚，像中国的火药、瓷器、丝绸、指南针等，都受到欧洲人的喜爱。

他们不理解，这个不相信上帝的国家，怎么也能过上富裕生活？

300 多年后，利玛窦（Matteo Ricci，1552—1610）来到中国。作为传教士，他的首要任务就是传播宗教思想和宗教教义。他到过澳门、上海等地，最后来到了北京，并在那里开办教堂，广收信徒。在传教的过程中，他也广泛传播科学和文化。在皈依天主教的中国知识分子中，就有徐光启（1562—1633）。当然，徐光启不是一般的知识分子，是明朝的大学士，是很有名望的政府官员。徐光启是沟通中西文化的先行者，跟着利玛窦学天文，学历法，更学习几何、代数。通过学习，他才知道不可以小觑欧洲的科学技术。

17 世纪，中西方之间的交往变得频繁，中国的科学思想由此开始萌芽。科学总是在发展，人类所掌握的知识量当然是一代超过一代。今天，即使在最发达的国家，科学的利器也会令人胆战心惊。在一些方面，传统需要改变；而在另一些方面，如何权衡创新与传统之间的关系，就要看人类的智慧了。

六、经纬度的确定

远洋航行时，确定轮船在茫茫大海中的位置非常重要，这个位置是由其所在的纬度和经度来表示的。日月星辰是测定纬度的最好坐标，古代的观象仪是测定纬度的仪器，被用来确定任何一点所在的纬度。而测定经度的最好办法是用所在地的时间和某一已知地（一般都是故乡的某一港口）的时间进行比较。所以，准确的时钟就成了必不可少的工具。

用时间确定经度的道理很简单。因为地球由西往东转动 1 周（正好是 1 天）是 360°，每小时转动 15°，每分钟转动 0.25°。因此，若船只所在地的时间比某已知地早了 1 小时 4 分，那就意味着船只在已知地以东 16° 的经线上。

从哥伦布发现新大陆到麦哲伦环航地球，在很长的时间内，因为没有准确的时钟，所有的航海家都面临着确定经度的难题，这可是生死攸关的大事。道理很简单，一旦经度和航向有了偏差，就有可能发生海难等事故。

像日晷、水漏、沙漏等，都不是严格物理学意义上的时钟。在教堂或在自己的家里，人们借此可以获知大概的时间；对于远洋航行来说，它们基本没有用处。

到了18世纪中期，当轮船配备了六分仪和经线仪之后，确定经度的问题才得到完全解决。六分仪可以精确地提供当地的时间，经线仪可以随时给出某已知地的时间。最初的经线仪就是一个能在远洋航行中保持精确时间的时钟，是由一个没受过正规教育、自学成才的青年约翰·哈里森（John Harrison，1693—1776）发明的。

到了19世纪，世界各国一致同意以格林尼治时间为标准来确定自己的时间，并且把通过伦敦格林尼治天文台的经线作为经度的起点，从那之后，世界各国终于有了统一的时间和经度。

第二章

给地球找个支点：
阿基米德的故事

学过物理学的人都知道阿基米德，也知道他的杠杆原理和浮力定律。

阿基米德对科学的贡献是非常巨大的，被称为"古代社会的科学巨匠"，他在数学、物理学甚至工程学方面造诣颇深。

阿基米德（Archimedes，约公元前 287—前 212）的父亲是天文学家和数学家，受家庭影响，阿基米德从小就爱好科学，特别是爱好数学。在他大约九岁时，父亲送他到埃及的亚历山大里亚城读书。

亚历山大里亚城是当时世界的知识、文化中心。这里群英荟萃，学者云集，文学、数学、天文学、医学都很发达。在这里，阿基米德跟随许多著名的数学家学习，包括著名的几何学大师欧几里得，这为他日后从事科学研究奠定了基础。

物理学是阿基米德重点关注的领域，他在物理学方面的主要贡献表现在两个方面：一个是关于平衡问题的研究，另一个是对浮力问题的研究。与平衡问题有关的就是杠杆原理，这是我们所熟悉的。

一、杠 杆 原 理

在流传下来的著作《论平板的平衡》中，阿基米德用数学公理的方式提出了杠杆原理。他说："如果杠杆处于平衡状态，那么杠杆支点两端的力（重量）与力臂（长度）的乘积相等。"在这里，阿基米德提出并定义了支点、力、力臂等概念。

对于一般的平面物（也就是我们常说的平板），为了使杠杆原理能够运用于其中，阿基米德还建立了重心的概念，有了重心，任何平板的平衡问题都可以由杠杆原理来解决，而求重心又恰恰可以归结为纯几何学的问题。

杠杆原理解释了为什么人们可以用一根棍子抬起很大、很重的石头。据说阿基米德确立了力学的杠杆原理后，说过这样一句话，"给我一个支点，我就可以撬动地球"（Give me a lever long enough and fulcrum on which to place it, and I shall move the world）。人们当然知道阿基米德这句话是夸大之词，国王对此也是心存疑虑。

历史记载，叙拉古给埃及的托勒密王造了一艘大船，由于船太大，怎么也没有办法把它推下水。国王就把推船下水的艰巨任务交给了阿基米德，也想借此机会试一试阿基米德的本领。他不是夸过海口，连地球都能撬得动吗？那就看看他能不能把船推入海中。阿基米德当然也想证明一下自己，他利用所掌握的数学和物理学知识，运筹帷幄，精心设计了一套滑轮系统。

这一天，大海岸边、码头两侧挤满了观看的人，这中间就有国王。在众目睽睽之下，阿基米德把滑轮绳子的一头交给国王，结果，奇迹出现了。只见国王手拉绳子，还没有用多大的力，大船就开始移动，很快就滑到了水里，简直就像变魔术一般。观众看得眼花缭乱，国王激动得手有点儿发颤。撬动地球当然是吹牛，但把大船推入海中却是真的。国王一高兴，就发布了一道命令："从今以后，凡是阿基米德说的话，务必一律听从。"

"给我一个支点，我就可以撬动地球"是我们所知道的阿基米德曾说过的最著名的话。这当然是一句大话，但在理论上，这句话却是成立的。2000多年过去了，今天听起来，这句话还是那么有趣和有道理。

二、浮 力 定 律

在物理学方面，阿基米德的另一个伟大贡献是关于浮力问题的研究，这属于力学范畴，为了纪念阿基米德，人们也把浮力定律称作阿基米德定律。

阿基米德专门写了一本书——《论浮体》。在《论浮体》中，他讨论了物体的浮力，研究了旋转抛物体在流体中的稳定性。《论浮体》是流体静力学方面的第一部专著，在这本书中，阿基米德把数学推理成功地运用在分析浮体的平衡问题上，并用数学公式表示浮体平衡的规律。浮力定律的具体内容是，浸在液体（或气体）中的物体所受到的浮力，其大小等于该物体所排开的液体（或气体）的重量。

关于浮力定律的发现流传着一个非常有趣的故事。有一次，叙拉古国王让金匠给他做了一顶纯金的皇冠。皇冠送来后，国王怀疑金匠在里面掺了银子，可是皇冠的重量与国王给金匠的金子的重量一样，怀疑归怀疑，找不出证据也只能干着急。于是，国王请来了阿基米德，希望他来鉴定一下皇冠的真伪。阿基米德固然聪明，可一时也想不出鉴定的好方法。他苦思冥想，几天过后，还是没有想出个所以然来。他既不能因为自己的武断而误判，造成历史冤案，又不能因为没有想到有效的方法而让国王失望。

当然，有一个比较简单而粗暴的方法，那就是把皇冠毁坏，其中掺杂的银子就会暴露在光天化日之下。但万一皇冠是纯金打造的，一旦毁坏，那代价也太大了。他不愿意冒此风险。

有一天，阿基米德准备洗澡，就让仆人往浴盆里放水。可是仆人把水放得有点儿满，当他坐进浴盆中的时候，水就从浴盆里溢了出来，阿基米德觉得自己的身体一下子变轻了。这本来是一个司空见惯的现象，此时却变得非常有意义。这个现象一下子启发了他，他突然意识到，不同的东西虽然重量相同，但因其体积不同，排出去的水的体积也一定不同。

再联想到皇冠，他就想，如果把皇冠浸在水中，根据水面上升的情况就可以知道皇冠的体积。再拿一块与皇冠同等重量的金子放在水中，就可以知道这块金子的体积。比较两者体积的大小，如果皇冠的体积更大，就说明其中掺了假。想到这里，阿基米德豁然开朗。他太高兴了，一下子从浴盆里跳出来，连衣服都忘了穿就跑了出去，边跑边喊："尤里卡！尤里卡！"

"尤里卡"是古希腊语，意思是"好啊！有办法啦！"阿基米德的这一声"尤里卡"，喊出了人类探寻到大自然奥秘时的巨大惊喜。后来，为了纪念这一事件，也为了纪念阿基米德的探索精神，人们就把现代世界著名的发明博览会以"尤里卡"命名。

几天之后，阿基米德找来了与皇冠重量相同的纯金和纯银，分别把皇冠、纯金和纯银浸入水中，测量排出去的水的重量。结果是，纯金排出的水最少，纯银排出的水最多，皇冠排出的水介于两者之间。最后的结论已经很清楚了，皇冠不是纯金制作的，或者说是掺了假（掺了银子），结果就是那个弄虚作假的金匠束手就擒，就等着国王的惩罚了。

你可能会说，阿基米德的发现实在很平常，这有什么难的？把皇冠浸入水中，从排出的水量就可以知道皇冠的体积，再称一称皇冠的重量，很容易算出比重，把这一比重和纯金的比重对比，不就知道它是真的还是假的了吗？但你要知道，那是 2000 多年前，那时候物理学还不是一门自成体系的学科，当时的古希腊人根本就没有比重的概念。所以，阿基米德的发现在当时真可谓惊天动地。这绝对是一个划时代的发现，它的科学意义是相当深远的。

通过鉴定皇冠真伪的实验，阿基米德总结出了一个原理，那就是前面提到过的浮力定律：浸在液体（或气体）中的物体所受到的浮力，其大小等于该物体所排开的液体（或气体）的重量。这个原理定量地给出了浮力的大小，是流体静力学的基本原理之一。

说到浮力定律，我们还会想到"曹冲称象"的故事。

魏王曹操的小儿子名叫曹冲，曹冲自幼聪明伶俐，爱动脑筋，勤于思考，才五六岁的年纪，做起事来就像个小大人。曹操非常宠爱这个儿子。有一天，吴王孙权给曹操送来了一头大象，曹操虽然见多识广，但还真没见过这样的庞然大物，自然非常好奇。于是，曹操问护送大象的使者："这头大象究竟有多重呢？"使者回答："鄙国从来没有称过大象，也没有办法称，不知道大象有多重。早就听说魏王手下谋士众多，个个智慧超群，请他们想办法称称大象的重量，也让我等领教一下北方大国的风范。"

物理学家阿基米德

　　曹操明白这是孙权给他出的一道难题，这也正是体现大国风范的好机会。于是，他传令下去：能称出大象重量的人，重重有赏。看过《三国演义》的人都知道，曹操的阵营里确实有很多谋士。这是一个机会，不仅奖赏就在眼前，锦绣前程说不定就从此开始。大家都绞尽了脑汁，苦思冥想。俗话说，重赏之下，必有勇夫。当时就有一个勇夫说："做一杆巨大的秤，不就秤出来了吗？"曹操说不行，就是做出秤来了，也没有人能提得动。又有一个勇夫说："把大象宰了，锯成很多小块，把这些小块分别称完，大象的重量不就知道了吗？"曹操更加生气了，斥责这个人说："怎么能这样对待吴国送的贵重礼物呢？"

　　大家你一言我一语，议论了半天，也没有说出个所以然来。就在大家一筹莫展之际，曹冲走到曹操身边说道："父王别着急，我有办法。"曹操的眼睛瞪得比铜铃还大，对着曹冲直发愣："你也有办法？"曹冲说："我们可以先把大象牵到船上，在船帮齐水的地方（现在叫吃水线）做个记号，将大象牵走，再把石头运到船上去，一直到水位到达先前做的那个记号为止，这时，石头的重量就和大象的重量相等了。剩下的事情就很简单，我们称一称石头的重量，不就知道大象有多重了吗？"

　　曹操听了大喜，那些谋士对曹冲的聪慧赞叹不已。就这样，大象的重量终于被称出来了。东吴的使者对曹冲的聪明才智钦佩不已，说难怪魏国的事业蒸蒸日上，连五六岁的孩子都这么厉害。

　　这就是中国版本的浮力定律。与阿基米德发现浮力定律的过程相比，一个是鉴定皇冠的真伪，一个是给大象称重，但其中所包含的道理却有共同之处。

三、工 程 技 术

　　阿基米德的科学贡献不仅仅在于提出了杠杆原理和浮力定律，他在工程机械方面也有很多发明。在亚历山大里亚城，他曾发明了一种螺旋提水器。

　　阿基米德对机械的研究源于他在亚历山大里亚城求学时期。有一天，阿基米德在久旱的尼罗河河边散步，看到农民提水浇地相当费力，就想，如果能发明一种工具将水从河里提上来浇地就好了。经过一番思考，他发明了一种利用螺旋作用在水管里旋转而把水吸上来的工具，后人把它叫作阿基米德螺旋提水器——这个工具就是后来的螺旋推进器的远祖。2000年来，古埃及人一直使用它提水。

　　对于阿基米德来说，机械和物理的研究发明是次要的，他感兴趣且投入更多精力的还是纯理论研究，尤其是在数学和天文学方面。在这里，我们重点介绍阿基米德在物理学方面的创造。阿基米德曾利用抛物镜面的聚光作用，把集中的阳光照射到入侵叙拉古的罗马船上，让它们自燃起来。罗马的许多船只都被烧毁了，但罗马人却找不到失火的原因。

　　900多年后，有位科学家按史书上介绍的阿基米德的方法制造了一面凹面镜，成功地点着了距离镜子45米远的木头，烧化了距离镜子42米远的铝。

　　阿基米德曾运用水力作动力制作了一台天象仪，球面上有日、月、星辰、五大行星。根据记载，这台天象仪不仅运行精确，最神奇的是还可以模拟天体的运动，演示日食和月食现象。

我们知道，天体运动不是一般地复杂，不知道阿基米德利用什么原理获得了如此神奇的效果。不过，那一定是多学科的综合，至少是数学和物理学共同发挥作用的结果。

晚年的阿基米德开始质疑地球中心学说，并猜测地球有可能绕太阳转动。一直到哥白尼时代，这个观念才最终成为人们的共识。

四、用思想照亮世界

阿基米德杰出的才华不仅体现在数学和物理方面，还表现在哲学方面。我们再看看他说过的富有哲理的话。

为别人改变自己最划不来，到头来你会发觉委屈太大。而且，别人对你的牺牲不一定欣赏，这又何苦？

这个世界最珍贵的不是"得不到"和"已失去"，而是"已拥有"。

如果理智的分析都无法支持自己做决定的时候，就交给心去做主吧！

人生最大的烦恼，不是选择，而是不知道自己想得到什么。

放弃该放弃的是无奈，放弃不该放弃的是无能，不放弃该放弃的是无知，不放弃不该放弃的却是执着！

如果能够用享受寂寞的态度来考虑事情，在寂寞的沉淀中反省自己的人生，真实地面对自己，就可以在生活中找到更广阔的天空，包括对理想的坚持，对生命的热爱，对生活的感悟！

　　有些机会因瞬间的犹豫擦肩而过，有些缘分因一时的任性滑落指间。许多感情疏远淡漠，无力挽回，只源于一念之差；许多感谢羞于表达，深埋心底，成为一生之憾。所以，当你举棋不定时，不妨问问自己，这么做，将来会后悔吗？请用今天的努力让明天没有遗憾！

　　阿基米德不是一般意义上的科学家，他是个全才，是个有思想、有内涵、有真知灼见并能辩证认识世界的人。在向阿基米德学习时，不仅要学习他的浮力定律，学习他的数学思想，学习他的几何推演方法，学习他善于把理论与实践融为一体的优点，还应该从他的著作中挖掘更多有价值且充满哲理的东西。阿基米德不仅是数理科学的天才人物，在工程技术领域也有颇多建树。阿基米德是古希腊最富有传奇色彩的科学家，给我们留下了很多引人入胜的故事。

第三章
物理的天人合一

物理学最早研究的是身边的世界和遥远的宇宙，它们相互之间没有清晰的界限。所有知识都汇集在物理名下，直到近代科学的兴起。

本章要提到的第谷、开普勒、胡克和惠更斯是16—17世纪物理学界影响较大的四位科学家，他们上承欧洲的文艺复兴，下接牛顿的经典力学，为近代物理学大厦的建立奠定了重要基础。

一、从精确测量开始

在对星系系统的认识方面，第谷是个"骑墙派"，按照中国人的说法，就是他"脚踩两只船"。在这里，并没有贬低他的意思，而是因为他的观点介于"地心说"和"日心说"之间。

第谷认为，地球是宇宙的中心，太阳和月亮围绕地球运转，但五大行星围绕太阳运转。1572年，第谷发现了一颗新星，其星光表现出由明到暗的变化，说明恒星正在远离地球，至少说明恒星在运动。因此，第谷的发现就否定了亚里士多德的"天体皆永恒"的说法。这是第谷比较特殊的贡献。他还发现彗星的轨道可以在行星层内外通行，这使得亚里士多德的"彗星变化无常，故必比月近"的说法站不住脚。

第谷在天文学上最大的贡献主要表现在两个方面：一是，他是第一个重视精准测量的天文学家，而且做了大量观测记录；二是，他把毕生的观测记录传给了助手开普勒，后者直接推动了天文学的发展。

17世纪的欧洲，教会的绝对权威已经渐趋没落，代之而起的是君主的专制。印刷术的兴盛使知识的传播日益普及，资产阶级的兴起意味着人们活动自由度的扩大。这一时期的科学、思想与文化的发展蔚为壮观。

英国的弗朗西斯·培根（Francis Bacon，1561—1626）强调破除迷信，强调归纳方法，引起了人们的共鸣。法国科学家和哲学家笛卡儿（Rene Descartes，1596—1650）高举理性主义的大旗，提出并发展了分析方法。笛卡儿指出，任何运动的物体，如果没有外力使它停止或改变方向，它会永远沿直线运动。这两个人可被称为理性时代的"旗手"。在他们的引领下，理性化、平民化已成为一种趋势，且渗透到文化层面。

二、还宇宙以和谐

开普勒本来习神学，上大学期间，因受哥白尼思想的影响，决心从事天文学研究。24 岁时，他写了一本天文学方面的书，这本书正好被第谷看到，第谷邀请他到布拉格担任自己的助手。第谷去世后，开普勒继任了第谷的职位。第谷留给开普勒的不仅有社会职位，还有数十年积累的天文观测资料，开普勒利用这些资料来检验哥白尼的"日心说"。

在这些资料中，火星的观测资料最丰富。对开普勒来说，这是非常重要的。因为火星的轨道在地球之外，距离地球又近，而且是比较明显的椭圆形轨道。

在第谷详细观察的基础上，经过长时期的思考和分析，开普勒指出，行星围绕太阳的运动轨道不是精确的圆形，而是椭圆形，太阳就在这些椭圆的某个焦点上。开普勒开始以哥白尼的"大轮、小轮"来计算，后来又试着用偏心圆来计算，发觉观测数据与计算数值不符，至少有 8 角分的误差。这比观测的误差大了许多。

一个晚上，开普勒做出了一个划时代的决定，那就是放弃自亚里士多德以来天体皆以等速圆周运动运行的信念，代之以在椭圆轨道上运行的想法。他重新进行计算之后发现，观测值与计算值完美契合。开普勒后来对其他人说："要不是火星，我可能永远都看不透这层奥秘。"

1609 年，开普勒出版了《新天文学》，书中提出了两条定律：①每一个行星都沿各自的椭圆轨道环绕太阳，而太阳则处在椭圆的一个焦点上（开普勒第一定律）；②在相等时间内，太阳和运动着的行星的连线所扫过的面积都是相等的（开普勒第二定律）。

1618 年，开普勒出版了《哥白尼天文学概论》，书中把以上结果推广到其他行星。一年后，他又出版了《世界和谐论》。在这本书里，开普勒提出了第三条定律：绕以太阳为焦点的椭圆轨道运行的所有行星，其各自椭圆轨道半长轴的立方与周期的平方之比是一个常量（开普勒第三定律）。开普勒第三定律建立了行星与行星之间的关系。

这三条定律很完整地描述了整个太阳系的图景，这就是开普勒的整个世界。他让世界在世人的眼睛里第一次变得有序和谐了。所以，人们把"天空立法者"这一美誉送给了开普勒。

开普勒的贡献在于，他在哥白尼"日心说"的基础上进一步提出，一个行星距离太阳越远，它的旋转周期越长。而中世纪的天文学家只对此提供了神秘的或万物有灵论的解释。开普勒基于对宇宙之力的直觉和灵感，提出了行星运动三定律，因而被誉为杰出的科学先驱。开普勒的杰出贡献为经典物理学的诞生提供了特别实用的素材和条件。

开普勒的上述三本书分析了已有的天文观测数据，总结了过去的成果，提出了自己的理论，他的理论优点表现在以下三个方面。

第一，数值精准。即使在望远镜普遍使用、牛顿力学的完善模型提出之后，开普勒的理论也经受住了考验，他的理论框架仍然正确，只是在细节上有所改进。这种情况一直维持了 200 年，直到爱因斯坦提出了广义相对论，开普勒理论的根基才有所动摇。

第二，理论模型更加和谐。在托勒密的宇宙系统中，纷繁复杂是其特点，他的计算看起来没什么疑问，但在设计观念上，那些累赘的"附加轮子"有凭空捏造之嫌。开普勒的模型或许更接近宇宙的真相，比这更重要的是，这一模型体现了视觉上的美感和逻辑上的单纯。

第三，继承与创新的兼顾。开普勒继承了古希腊的"世界是和谐的，是可以理解的"这一理念，吸收了从毕达哥拉斯到哥白尼的空间想象和宇宙思想，利用第谷的观测数据开辟了一片新天地。

写完三本书之后，开普勒转向天体力学研究，他每天都在思考：

天空为什么这样布局？行星为什么这样运动？但遗憾的是，对这些非常有价值和理论深度的问题，开普勒终无建树。

开普勒一生清苦，工作勤奋，但仍然有一位伟大的物理学家注意到了开普勒，他就是伽利略。

三、罗伯特·胡克：不仅仅是弹性定律

罗伯特·胡克（Robert Hooke，1635—1703），英国博物学家和发明家，17 世纪英国杰出的科学家。胡克的主要贡献体现在物理学研究领域，他在力学、光学、天文学等多方面都有重大成就。

胡克提出了描述材料弹性的基本定律，即胡克定律，提出了万有引力的平方反比关系。在机械制造方面，他设计制造了真空泵、显微镜和望远镜，并将自己用显微镜观察所得写成《显微制图》一书，"细胞"就是他命名的。他所设计和发明的科学仪器在当时是无与伦比的，很多仪器至今仍然在使用。

除了科学技术外，胡克还在城市设计和建筑方面有重要贡献。胡克在绘画方面极具天分，在《显微制图》中，他精心绘制了 58 幅图画，当时的人们把胡克称作"伦敦的列奥纳多（达·芬奇）"。

在光学领域，胡克是光的波动说的支持者。1655 年，胡克提出了光的波动说，他认为光的传播与水波的传播相似。1672 年，胡克又提出了光波是横波的概念。在光学领域，胡克的主要工作是进行了大量的光学实验，特别是致力于光学仪器的创制。他制作或改进了显微镜、望远镜等多种光学仪器。1673 年，胡克利用自己高超的机械设计技术成功制造了第一台反射望远镜，并使用这台望远镜首次观测到火星的旋转和木星的大红斑，以及月球上的环形山。除此之外，胡克还研究过肥皂泡的光彩、云母的颜色等光学现象。

在力学方面，胡克的贡献尤其卓著。他继承和发展了开普勒的学说，解释了天体运动的根本原因。胡克认为引力是一种向心力，它可以约束行星沿着闭合轨道运动。他做了大量实验，认为引力和磁力类似。这一工作支持了威廉·吉尔伯特（William Gilbert，1544—1603）的观点。

早在 1664 年，胡克就指出彗星靠近太阳时轨道是弯曲的，还为寻求支持物体保持沿圆周轨道运动的力的关系而做了大量实验。1674 年，他根据修正的惯性原理，从行星受力平衡观点出发，提出了行星运动的理论。1679 年，他在给牛顿的信中正式提出了引力与距离的平方成反比的观点，但由于缺乏数学手段，没有建立起定量表示的数学模型。

胡克定律（即弹性定律）是胡克最重要的发现之一，也是力学最重要、最基本的定律之一。今天，胡克定律仍然是物理学的重要基本理论。胡克定律指出，弹簧在发生弹性形变时，弹簧的弹力 F 和弹簧的伸长量（或压缩量）x 成正比，即 $F = -kx$。k 是物质的弹性系数，它由材料的性质所决定，负号表示弹簧所产生的弹力与其伸长（或压缩）的方向相反。为了证实这一发现，胡克做了大量实验，包括各种材料所构成的各种形状的弹性体。

胡克一生比较坎坷，特别是到了晚年，更是不济。因谁拥有"平方反比定律"的优先权，他与牛顿有过争论。不仅如此，胡克和惠更斯（Christiaan Huygens，1629—1695）在发现螺旋弹簧振动周期的等时性方面也存在谁是第一发现者的争论。即使在胡克与其终生好友、建筑学家克里斯托弗·瑞恩（Christopher Wren，1632—1723）之间，也有许多未解之谜。人们从胡克的日记和朋友间的通信中发现，许多原来以为是瑞恩设计的建筑很可能是胡克设计的，其中包括著名的格林尼治天文台、为纪念 1666 年伦敦大火而建造的纪念碑等。

1703 年 3 月 3 日，胡克在孤独寂寞中离世，不久，牛顿当选为英国皇家学会主席，解散了英国皇家学会中的胡克实验室和胡克图书馆，胡克的所有研究成果、研究资料和实验器材都未能幸免，它们或被分散或被销毁，没过多长时间，这些属于胡克的东西就销声匿迹了。据说胡克为自己画的像也毁于牛顿的支持者之手。如果这件事是真的，不免让人唏嘘不已。

牛津大学瓦德海蒙学院历史学家亚兰·切普曼说，早在 1660 年，胡克就提出了太阳系各行星间存在万有引力的假设，并认为这些行星基本上是球形，他还做了一系列实验来证明地球重力的存在。切普曼教授称，当时胡克被忽略和冷落的情况，连牛顿最好的朋友、天文学家埃德蒙·哈雷（Edmond Halley，1656—1742）都看不下去了，曾数次劝说牛顿公开承认胡克在万有引力方面的研究成果。

2003 年 3 月 3 日是胡克逝世 300 周年的纪念日，那一天，英国的历史学家和科学家在英国牛津大学举行纪念会，为受到不公正待遇和被历史遗忘的胡克平反，重新评价和恢复他在科学界的地位，称胡克是英国历史上伟大的科学家。那一天，出版了两本有关胡克生平的传记，一本是《英国的达·芬奇》，另一本是《复兴英国的实验艺术》。

四、惠更斯：站在伽利略与牛顿之间

克里斯蒂安·惠更斯是荷兰物理学家、天文学家和数学家。无论是在力学和光学方面，还是在数学和天文学方面，惠更斯都取得了卓越成就。他是近代自然科学的一位重要开拓者，帮助人类建立了向心力定律，提出了动量守恒原理。但人们印象最深刻的是，他赋予伽利略关于摆的运动新的内涵，提出了单摆的等时性现象，在此基础上制造出了人类历史上第一座摆钟。

自古以来，时间测量始终是摆在人类面前的一个难题。根据我们的判断，可能很早以前人们就知道了摆的现象，但把它与时间联系起来并加以研究和运用，却从来没有被提到议事日程上来。像日晷和沙漏这样的计时装置，人类使用了很长时间，却始终不能让人满意，因为这样的计时装置既不能在原理上保持精确，又不能在实践中做到直

物理学家惠更斯

观。直到伽利略发现了摆的等时性，惠更斯将摆运用于计时器，人类才进入一个新的计时时代。

对摆的研究是惠更斯所完成的最出色的物理学工作。当时，惠更斯的兴趣还集中在对天体的观察上，在实验中，他深刻体会到了精确计时的重要性，因而便致力于精确计时器的研究。

几十年前，伽利略曾证明了单摆运动与物体在光滑斜面上的下滑运动相似，而运动的状态与位置有关。惠更斯进一步确证了单摆振动的等时性，坚信这种特性一定可以用在计时器上。基于理论的自信和出色的动手能力，惠更斯制成了世界上第一架计时摆钟。这架计时摆钟由一些大小、形状不同的齿轮组成，利用重锤作为单摆的摆锤，由于摆锤长短可以调节，计时就比较准确。

惠更斯为自己的发明申请了多项专利。在1673年出版的《摆钟论》一书中，惠更斯详细介绍了制作摆钟的工艺，分析了钟摆的摆动过程及特性，首次引进了"摆动中心"的概念。他指出，任一形状的物体在重力作用下绕一水平轴摆动时，可以将它的质量看成是集中在悬挂点到重心之连线上的某一点，以将复杂形体的摆动简化为较简单的单摆运动来研究。

在研究了圆周运动、摆、物体转动时的离心力，以及泥球和地球转动时变扁的问题后，惠更斯还提出了离心力定理，在《摆钟论》中，惠更斯给出了离心力的基本概念。他指出，一个做圆周运动的物体具有飞离中心的倾向，它向中心施加的离心力与速度的平方成正比，与运动半径成反比，这也是他对伽利略摆动学说的拓展。这项研究对于后来万有引力定律的建立是有效催化。从这个角度看，惠更斯是创建经典力学的先驱。

在力学方面，惠更斯以伽利略理论作为自己研究的基础和出发点。他在研究摆的时候阐明了许多动力学概念和规律，包括摆的运动方程，离心力、摆动中心、转动惯量等概念。他用摆测量重力加速度，指出物体在地球赤道处受到的离心力是重量的1/289。

在仔细研究了钟摆现象后，惠更斯提出了著名的单摆周期公式。在研究摆的重心升降问题时，惠更斯发现了物体的重心与转动惯量，并引入了"反馈"装置。很多年后，瑞士著名的数学家和物理学家莱昂哈德·欧拉（Leonhard Euler，1707—1783）也研究过这一问题。

今天，"反馈"已经不是一般的科学名词，而是意义深远的物理学思想。惠更斯设计了船用钟和手表的平衡发条，大大缩小了钟表的尺寸。他还借助摆求出了重力加速度的准确值。他建议用秒摆的长度作为自然长度标准。惠更斯称得上是从实践到理论上对摆进行全面研究的科学家。

惠更斯和胡克还各自发现了螺旋式弹簧丝的振荡等时性，这为近代游丝怀表和手表的发明创造了条件。

惠更斯喜欢摆弄仪器，这对他在光学方面取得成绩有重要促进作用。17世纪，关于光的振动与波的研究已达一定水平，人们已经知道，作为一种波，光和声音一样是通过空气传播的。惠更斯认为，光通过"以太"介质传播。但他没有意识到，声音是纵波，因为声波可以绕过障碍物继续前行；而光却是横波，光沿直线传播。

那时候，牛顿认为，光是一种粒子流，由于牛顿在学术上的威望和地位，粒子学说统辖人们的思想达一个世纪之久。

在巴黎工作期间，惠更斯曾致力于光学研究。1678年，他在法国科学院的一次演讲中公开反对了牛顿关于光的微粒说。惠更斯说，如果光是微粒，那么光在交叉时就会因发生碰撞而改变方向，可当时人们并没有发现这种现象，而且利用微粒说解释折射现象，将得到与实际相矛盾的结果。

12年后的1690年，惠更斯在出版的《论光》一书中正式提出了光的波动说，建立了著名的惠更斯原理。在此原理基础上，他推出了光的反射和折射定律，圆满地解释了光速在光密介质中减小的原因，同时还解释了光进入冰洲石（一种无色透明纯净的方解石）所产生的双折射现象，认为这是冰洲石分子微粒为椭圆形所致。

惠更斯把大量的精力放在了研制和改进光学仪器上。还在荷兰的时候，他就成功地设计和磨制出了望远镜的透镜，进而改良了开普勒的望远镜。他利用自己研制的望远镜进行了大量的天文观测，发现了土星的卫星——土卫六，还观测到了猎户座星云、火星极冠等现象。

直到今天，一些业余天文爱好者使用的仪器仍然采用惠更斯目镜。

惠更斯在数学方面也有出众才能，22 岁时就发表了关于悬链线、椭圆弧及双曲线方面的文章。他对包括对数螺线在内的各种平面曲线和概率问题都进行过研究，在微积分方面也有所成就。

在著名前辈学者的影响下，惠更斯致力于力学、光学、天文学及数学研究。他善于把科学实践和理论研究结合起来，取得了突出成就。1663 年，惠更斯被聘为英国皇家学会会员，据说是英国皇家学会的第一个外籍会员。3 年后，他当选为法国皇家科学院首批院士。惠更斯终生未婚，一心扑在科学事业上，鞠躬尽瘁。他的身体一直不太好，于 1695 年 6 月 8 日在海牙逝世，那里也是他的出生地。

第四章

挑战传统：
伽利略的故事

伽利略是欧洲文艺复兴以来重要的科学家，他的突出贡献表现在天文学和物理学方面，他的自由落体和惯性定律给我们留下了深刻印象。

伽利略先后研究了物体在惯性和外力作用下的运动情况，给出了基本规律，研究结果为后来牛顿正式提出运动第一定律和第二定律奠定了基础。

在经典力学的创立上，伽利略被尊称为"近代物理学之父"。

一、总 体 印 象

1564 年 2 月 15 日，伽利略出生于意大利的比萨城。15—16 世纪正是欧洲文艺复兴运动的鼎盛时期。1581 年，17 岁的伽利略进入比萨大学读书。最初，伽利略按照父亲的意愿学习医学，但是很快就喜欢上了数学，并表现出很高的数学天赋。由于父母实在拿不出供他上大学的费用，1585 年，眼看就要大学毕业的伽利略只好中途退学。退学后，他靠做家庭教师为生，一边做家教，一边自学。

1586 年，受阿基米德浮力问题研究的启发，伽利略利用浮力原理和杠杆原理制造了一种看起来既精巧又特别实用的仪器——浮力天平，利用它可以快速测定金银首饰器皿中金银的相对含量，浮力天平很快就用在了金银首饰器皿的交易中，为此，伽利略还写出了相关论文《论天平》。

1587 年，伽利略来到罗马大学，随身带着一篇关于固体重心计算法的论文，他此次的目的是拜见著名数学家和历法家克里斯托弗·克拉维乌斯（Christophorus Clavius，1537—1612），希望得到他的赏识和帮助。

克拉维乌斯是自希腊天文学家索西吉斯以来第一位修改历法的人，他奉教皇格里高利八世之命所修改的历法就被称为"格里高利历"。今天，"格里高利历"已在全世界通用。令人感慨的是，克拉维乌斯却是哥白尼理论的坚定反对者。

伽利略的做法相当于中国古代落魄的知识分子常常用的干谒，希望能得到前辈的指导和提携。效果相当不错，伽利略的这篇论文得到克拉维乌斯的赞赏，克拉维乌斯从书架上挑选了罗马大学教授瓦拉的逻辑学讲义和自然哲学讲义送给了伽利略，算是对他的鼓励和支持，这对他以后的发展很有帮助。

1588 年，伽利略来到佛罗伦萨，在佛罗伦萨研究院作了一次学术演讲，其主要内容是关于但丁《神曲》中炼狱图形的构想。演讲很成功，体现出伽利略深厚的文学才华和数学造诣。听众以热烈的掌声和钦羡的目光表示肯定，伽利略也体会到了自由的学术氛围。这时的伽利略已非昔日靠做家教维持生计的穷小子了。

1589 年，伽利略发表了关于几种固体重心计算法的论文，正是两年前拜访克拉维乌斯教授随身携带的那篇，其中包括若干静力学新定理。该论文第一次揭示了重力和重心的实质，给出了准确的数学表达式。

由于这些成就，比萨大学聘请伽利略来此任教，让他讲授几何学与天文学。不到 5 年时间，伽利略就实现了华丽转身，从一个大学肄业、居无定所的漂泊者变成了大学教师。1589 年，伽利略发现了摆线。摆线是数学中众多的迷人曲线之一，是指一个圆沿一条直线运动时，圆边界上一定点所形成的轨迹。摆线的长度等于旋转圆直径的四倍，而且是一个不依赖于 π 的有理数。摆线下的面积是旋转圆面积的三倍。摆线发现之初，令数学家特别感兴趣。

17 世纪，人们对数学力学和数学运动学充满了痴迷和不解，对摆线性质的解析就是其中之一。这一时期，法国数学家、物理学家和哲学家布莱士·帕斯卡（Blaise Pascal，1623—1662），意大利物理学家和数学家埃万杰利斯塔·托里拆利（Evangelista Torricelli，1608—1647），法国数学家、物理学家和哲学家笛卡儿，法国律师和业余数学家皮埃尔·德·费马（Pierre de Fermat，1601—1665），荷兰物理学家、天文学家和数学家惠更斯，瑞士数学家约翰·伯努利（Johann Bernoulli，1667—1748），德国哲学家和数学家莱布尼茨，以及牛顿等都研究过摆线。

在 16 世纪末的比萨大学，教材里写的都是亚里士多德学派的观点，传统神学与形而上学的程式化特征随处可见。伽利略发现，亚里士多德的很多说法是错误的，质疑由此开始。他经常发表一些议论，有时言语过激，遭到忌恨、歧视和排挤就不可避免。两年后，伽利略决定离开比萨。离开比萨大学后，伽利略深入研究了古希腊学者欧几里得、阿基米德等的著作。

1592 年，伽利略来到帕多瓦，帕多瓦大学收留了他。帕多瓦属于威尼斯公国，远离罗马，受教廷的控制少。在这里，伽利略感受到了学术思想的相对自由。他经常参加校内外的学术文化活动，与持有不同思想和观点的人论辩，从中可见伽利略能言善辩。

帕多瓦的生活相对安逸和平静，伽利略的主要精力放在他一直感兴趣的力学研究方面。在此期间，他发现了物体运动的惯性，这是物理上非常重要的现象之一。

他最先把科学实验和数学分析方法结合起来，研究了惯性运动和落体运动规律，这一工作为牛顿力学第一定律和第二定律的提出奠定了基础。从这个角度看，他也是现代力学和实验物理的创始人。

伽利略做过著名的斜面实验，总结了物体下落距离与所经过时间之间的数量关系；他研究了炮弹的运动规律，奠定了抛物线理论的基础；他提出了加速度概念，在科学发展史上，这还是第一次；他甚至发明了世界上第一支空气温度计，当时的实际目的是测量患者发烧时的体温变化；他改进了望远镜，开辟了天文学研究的广阔空间。这其中的每项工作都带有原创的性质。

二、自由落体

亚里士多德著名的物理学思想是，在水平方向上，物体受力时就会运动，而且，运动速度与受力大小成正比。亚里士多德还有一个非常著名的结论：在垂直方向上，重的物体下落时受力大，所以下落得快；轻的物体下落时受力小，所以下落得慢。

从我们的感觉和经验来看，亚里士多德说的似乎没错，比如，同时从高空扔下一根羽毛和一个铁钉，肯定是铁钉先落地。如果试验的物体不用羽毛，而换成一块木头，情况就会大不一样。

伽利略的疑问就在于此。那段时间，伽利略对落体运动进行了细致的观察和研究。从实验到理论方面，他都对亚里士多德的"落体运动法则"（即物体越重下落速度越快）表示怀疑。这个法则曾统治学术界长达1000多年时间。伽利略明确提出了自由落体定律，即在忽略空气阻力条件下，重量不同的物体在下落时同时落地，其下落速度与重量无关。

1590年的一天，伽利略在比萨斜塔上做了"两个金属球同时落地"的著名实验，从此推翻了亚里士多德关于"物体越重下落速度越快"的学说，纠正了这个流行1000多年的说法。当时，他拿了两个用铅做成的球，一大一小（据说一个是炮弹，一个是毛瑟枪子弹），在众目睽睽之下，登上了比萨斜塔。

他的实验很简单：从比萨斜塔塔顶上同时扔下两个大小、重量不一的铅球，看哪个先落地。结果是两个铅球几乎同时落地。很显然，亚里士多德说错了。但光说他错了还不够，对此现象总得进行解释和交代吧！

我们对伽利略在比萨斜塔上做的这个实验未必当真，这个故事的重要意义在于它能给我们带来很好的科学启发作用。

在近代科学的探索者中，伽利略是最突出的一个。正是他开创了新的实验科学传统，把数量关系与研究对象相关联，这得益于他对欧几里得和阿基米德的研究；而自由落体实验及其解释是他深思熟虑的结果。

在接下来的时间里，伽利略运用数学工具，通过证明得到，落体下降时，加速度是一个常数。虽然物体在下落时的速度越来越快，但它们速度的增加率是一个定值。这就是伽利略所说的加速度是常数的准确含义。

著名的自由落体实验

　　这仅仅是理论层面，还必须用实验来验证理论的可靠性。但在当时，计时工具还很落后——当时在欧洲社会，人们普遍使用一种叫作水钟的仪器来记录时间。无论是王公贵族还是平民百姓，使用的都是类似的仪器（当然有材质优劣、制作精良与否、质量高低的区别）。在更早以前，使用的就是沙漏了。

　　重物下落时，速度不断增加，或者说是加速下落。因为当时还没有按秒计时的停表，所以直接测量加速度是有困难的。

　　问题的关键就是对时间的准确测量。以滴水计时，在精度上远远不够，不可能直接测量这种现象。因此，伽利略设计了一个光滑的斜板，让物体沿着斜板滚下，目的就是把重力进行适当稀释。借助于此，伽利略验证了"均匀加速度"现象。

　　伽利略意识到，球体从斜面向下滚和从空中下落一样，都是重力作用的结果，只是从斜面上滚下的速度更慢些。正是基于这个想法，他让一个光滑的小球顺着一条光滑的斜槽滚下，以此来研究小球的运动。

　　尽管斜面减缓了小球的速度，但是重力对它的作用一样。他发现，小球在两秒钟里滚过的距离为在第一秒钟里滚过的四倍；在三秒钟里滚过的距离为在第一秒钟里滚过的九倍。一个重要发现近在咫尺，即滚动距离与滚动时间的平方成正比。通过这条线索，伽利略找到了匀加速运动的规律。

　　到这时，结果已经很明显，那就是"重力一定的物体，有一定的加速度（而不是速度）"。在上面的斜板实验中，重力已经被稀释，因此，它引起的加速度也就小了。最后的推论呼之欲出："加速度与力成正比。"牛顿后来把伽利略的这个研究结果进行了推广，就形成了著名的牛顿第二运动定律。

三、惯 性 定 律

　　根据我们的直觉和经验，推动重物体时需要的力大，推动轻物体时需要的力小，这就是亚里士多德当初得出普遍结论的依据。亚里士多德在一本书中说，一切物体均有保持静止或寻找其"天然去处"的本性。他认为，任何运动着的物体都必然有推动者，他据此提出了一个数学关系式，试图把动力与速度联系起来。

　　17 世纪以前，人们始终想不通一件事，为什么偌大一个地球会风驰电掣般地运动？因为根据我们的感觉，所有运动都需要一个持续的推动力，如果没有永恒的力的作用，所有物体都应该保持静止状态。

　　第一个对此理论产生怀疑的是伽利略。他说，单凭直觉的推理是靠不住的，甚至会导致错误的结论。伽利略用实验的方法考察了运动的实质，发现了惯性定律。

　　人们终于明白，原来需要外力的不是运动本身，而是运动的改变。这一发现的重大意义在于，天体运动问题的研究有了可以遵循的规则。物体，包括遥远的天体，既然具有惯性，其运动也就不神秘。

　　"加速度与力成正比"这个定律告诉我们，不受力的物体没有加速度，但它的速度不变。这样，"静者恒静，动者恒动"就能够理解了。这就是我们常说的"惯性定律"，也叫作牛顿第一运动定律。

　　伽利略借助于惯性定律解释地面上发生的一些事情。有一天有人问他："为什么地球上的人感觉不到地球的运动？"他说："这就像一艘在水面上平稳行进的船，当没有风吹时，从桅杆上落下的物体具有

惯性真的很重要

与船同样水平方向的速度，因此才落在桅杆之下，而不会掉在船尾。"同理，地球上的人，与运动的地球具有同样的运动惯性，因此，人们就感觉不到地球的运动，也不会因为脚离地球而被快速运动的地球甩出去。

为了验证以上结论，伽利略也做过一些水平运动实验。只是在当时的条件下，没有办法完全消除摩擦阻力，结果当然就不理想。但伽利略还是信心满满，他相信，在理想的条件下，惯性定律不会出错。

伽利略是第一个通过实验方法证明了物体惯性的人。他说："要想深入了解物质世界，就不能仅仅被动地观察自然现象，而要主动地设计实验加以研究。"他知道实验条件不可能那么理想，因此，还要借助于推理、计算分析来加以补充。只有这样，才能设计出理想化的模型，才能达到可理解的境界。

在惯性参照系概念方面，伽利略也做了大量的奠基工作。前文提到，当一艘船全速前进时，为什么物体从桅杆顶上掉落到桅杆脚下而不向船尾偏移？这个疑问一直困扰着科学家。伽利略应用运动独立性原理对此现象进行了解释，也顺便为哥白尼的"日心说"进行辩解。

伽利略又以做匀速直线运动的船舱中物体运动规律不变的论述，首次提出了著名的惯性参照系概念。很多年后，爱因斯坦把它叫作伽利略相对性原理。在一定程度上，这一原理对爱因斯坦狭义相对论的提出有一定促进作用。

四、力的分解与合成

有一段时间，伽利略对弹道很感兴趣，他通过研究发现，在理想（即没有空气阻力）的情况下，弹道应该是抛物线形。他还提出，等速圆周运动的加速度是向心的，相应的那种力就是向心力了。举一个简单的例子，取一根绳子，一头系一物体（如石块），用手抓住另一头旋转，正是绳子的张力（向心力）使该物体做等速圆周运动。

根据这个发现，就可以算出炮弹在空中飞行的弹道了。炮弹离开炮口时，如果没有重力以匀加速度向下拉它，就会沿着炮筒的方向直线前进。正是由于重力的吸引，它的运动路径才是一条曲线，我们把这条曲线叫作抛物线。

在伽利略之前，尽管有很多数学家曾试图根据目标的距离来确定炮身的仰角，但都没有什么进展。搞清楚了重力对炮弹飞行的作用后，就可以根据目标的距离来决定炮身的仰角了。目标的距离和炮弹的速度决定了炮弹的飞行时间，掌握了这些规律，炮弹的命中率就会大大提高。这是科学在军事上应用的一个例子。

从另一个角度来看，为了避免被敌人的炮弹击中，就需要在防御工事上狠下功夫。只有设计出防御炮击的堡垒，才能避免敌人的有效打击。这些堡垒不能建在山头上，一般要建在低凹的地方，并用地面的泥土工事作掩护。只有这样，才能既便于防守，又能有效地打击敌人。

伽利略通过研究发现，水平和垂直两个方向的运动各具有独立性，互不干涉，但通过平行四边形法则可合成实际的运动径迹。他从垂直于地面的匀加速运动和水平方向的匀速运动出发，很好地解释了弹道的抛物线性质，这是力学运动在合成方面取得的重大进展。

五、钟摆的启示

1583 年春天的一个下午，伽利略在比萨教堂注意到了一盏悬灯摆动的细节。他感觉到微小摆动有等时性，摆长对周期有影响，后来通过做模拟实验和计数脉搏的"笨"办法证明了他的感觉是对的。

伽利略据此发现了精确测量微小时间的线索。对测量时间来说，那应该是第一次。那一天，身处比萨大教堂做弥撒的人群中，伽利略两眼紧盯摆动的悬灯，同时数自己脉搏的跳动，发现悬灯每一次摆动都需要同样的时间。

后来，伽利略用自制的仪器检验了观测的准确性。他进一步证明，摆动的时间只和摆的长度有关。要想使摆动时间加倍，就必须使摆长增长到原来的四倍；要想使摆动时间为原来的三倍，就必须使摆长增长到原来的九倍。

一条规律已经呼之欲出，即摆长与摆动时间的平方成正比，而与摆动振幅大小和摆锤重量无关。单摆周期性的发现为后来的振动理论和机械计时器件的设计方案奠定了基础。

现在我们知道，这个规律对于小角度的摆动才成立，当摆动弧度过大时就不那么准确了。1657 年，荷兰科学家惠更斯利用伽利略的发现，制造出了世界上第一台摆钟。

在伽利略之前，人们一直认为物体降落的快慢和物体的重量有关，物体越重，降落速度越快。伽利略的摆动实验同样否定了这个看法，他发现，摆底部的摆锤重量对于摆动周期没有影响。

但不信任的言辞仍然铺天盖地，为了一劳永逸地解决这个问题，伽利略才登上比萨斜塔的顶端，在众目睽睽之下做了那个著名的落体实验。

开普勒发现了行星绕太阳运动的椭圆形轨道，却不知道行星运动背后的原因。伽利略能够用重力解释炮弹飞行的弹道，却没有认识到重力可以解释行星的运动轨道。我们多么希望这两个人能够坐在一起讨论一下各自的研究心得，但这两个人在历史上没有多少交集，也没有碰撞出多少灵感的火花。这真是一件令人遗憾的事情啊！

六、光速有限

在伸手不见五指的黑夜，一束灯光可以帮助我们看见远处的城墙，我们对此习以为常，谁也不会意识到这种现象与光速有关。我们也知道光运动得非常快，一瞬间就可以到达很远的地方。如果有人问，光的运动速度到底有多快，我们的祖先可能会不假思索地回答，光的速度是无限快。

在伽利略之前，光速是否有限一直困扰着人类，也没有几个人去认真思考这一问题。

在观察了闪电现象后，伽利略认为光速应该是有限的，他为此设计了测量光速的具体方案，并通过实验予以验证。在实验中，站在不同山顶举着灯的人最终知道的是举灯的时间和他们相互之间的距离，由此就可以算出光速。这种方法在理论上可行，在实践中却困难重重。有两个重要原因，一是人的反应滞后，二是当时的时间测量技术还不成熟。但这种方法为后来的研究者提供了有益参考。

七、为物理学奠基

如果不是因为望远镜，伽利略的物理学研究还会继续进行下去，但他所做的这些工作足以奠定他在物理学史上的重要地位。

15 世纪末及以前，自然科学远远没有取得独立地位，它们几乎包容在哲学的庞大体系中，物理学更不必说。当时，神学教条、经院哲学和亚里士多德体系严格束缚着学者们的思想。对自然科学而言，在这样的背景下，伽利略的出现就意味着突破的开始，因为他敢于向传统的权威和思想挑战。

在研究方法上，伽利略不是先臆测事物发生的原因，而是先观察自然，透过现象发现隐藏在其背后的自然规律。在内心深处，伽利略对神学宇宙观有一种天然的排斥和拒绝。在伽利略看来，这个世界不仅有秩序，而且服从自然规律。因此，了解自然的最好方式就是进行系统的实验和定量观测，找出它们内在的数量关系。

在系统地研究了物体运动之后，伽利略对重心、速度、加速度等基本概念给出了严格的数学表达式。这里要特别提及加速度概念，在力学发展史上，这一概念的提出是一个重要里程碑。有了加速度概念，力学中的动力学部分才能建立在科学的基础之上，而在伽利略之前，只有静力学部分才有定量的描述。

伽利略在力学方面的贡献是多方面的。他提出过合力定律，仔细考察了抛射体运动规律，确立了伽利略相对性原理。这些研究成果在他晚年写的《关于两门新科学的对话》中有详细描述。在这本力学著作中，除动力学外，还涉及不少材料力学的内容。

伽利略是实验物理学的早期探路者。不仅如此，他还是一个独辟蹊径的思想者和理想主义的追求者。爱因斯坦说："伽利略的发现以及他所应用的科学推理方法，是人类思想史上伟大的成就，标志着物理学的真正开端。"

1642 年，伽利略去世。而在这一年，牛顿出生了。

最后让我们通过这位智者的名言，体会他的人生追求。

追求科学，需要有特殊的勇敢。

思考是人类最大的快乐。

科学不是一个人的事业。

真理不在蒙满灰尘的权威著作中，而是在宇宙、自然界这部伟大的无字书中。

第五章

为物理而生：
牛顿的故事

我们热爱牛顿，因为苹果落地这样司空见惯的现象却在他的眼睛里充满了魅力，在这背后隐藏着深刻的玄机；因为牛顿的经典物理学定律仍然支配着，并将始终支配着这个宏观世界，而我们就在这宏观世界之中。

科学越来越深入人心。那时候，很多欧洲国家成立了学术团体，它们可能是世界上较早的、较正规的学术团体。"物体何以静、何以动"的疑问终于有了答案，牛顿的力学理论对此进行了解答。

一、为明天奠基

艾萨克·牛顿（Isaac Newton，1643—1727）的父母是自耕农，家里可能不富裕，能够自给自足就不错了。3岁时，母亲改嫁，将牛顿留给外祖父母。上小学时，牛顿看起来十分普通，根本看不出有什么过人之处。

10年后，牛顿的母亲再次成为寡妇，没有办法，她只好回到先前的老家，把牛顿带在身边，让牛顿帮自己干点儿农活。牛顿年龄小，体质弱，不太会务农，倒是经常摆弄一些机器零件，做一些小玩具。小时候的牛顿，就是这样一个性情孤僻、只会在自己的世界里玩弄机械部件的孩子。

母亲知道牛顿在家里也帮不上什么忙，便送他去读书。1661年，牛顿考进剑桥大学三一学院。在那里，他的科学视野大为拓展。他自修了《欧氏几何》，研读了笛卡儿的《解析几何》和《哲学原理》，了解了开普勒的天文学思想，拜读了伽利略的《关于托勒密和哥白尼两大世界体系的对话》。

1665年年初，牛顿获得文学学士学位。当时正值伦敦闹瘟疫，学校停课放假，于是牛顿回到了家里，与母亲在乡下待了两年。他在后来的回忆录中说，在那两年时间里，他发明了微积分，通过研究太阳光谱发现了光的色彩理论，完成了行星轨道的初步计算，发现了万有引力定律。广为流传的苹果落地的故事就是在这时候发生的。

一天下午，牛顿在果园里给幼树浇水，感觉有些累，于是就躺在树荫下打盹儿。突然间，一个苹果从树上掉落砸中了他，他倒不着急，眼睛瞅着天空想，为什么苹果不掉到天外而是掉到地上？

这个故事当然有待科学考证，但这个苹果很有可能就成为牛顿发现万有引力的催化剂。

自从被苹果砸中后，牛顿便开始对苹果情有独钟。因为苹果落地引发了他对万有引力的思考。万有引力是一种普遍存在的力，如支配行星运动的力和地面物体的重力其实是同一种类型的力。

牛顿还从开普勒第三定律出发，推导出行星维持轨道运行所需要的力与它们到旋转中心的距离平方成反比关系。

不过，他的发现只是一个初步的轮廓，还有待于去粗取精，进一步完善，才能成为一个完整、严谨的体系。即使这样，那两年也是牛顿一生中最重要的时期，他完成了一生中最重要的科学工作的奠基性工程。那时候，牛顿刚刚 24 岁。

二、重回剑桥

两年之后，牛顿回到了剑桥大学。这时的牛顿所取得的成就已经有目共睹，自然就成为剑桥大学三一学院的研究员。1668 年，他获得文学硕士学位。

又过了一年，牛顿的老师——数学家伊萨克·巴罗（Isaac Barrow，1630—1677）辞职并举荐牛顿接替自己的职位。在剑桥大学，巴罗可

青涩的苹果与万有引力

不是一般的教授，他是一位知识渊博的学者，是著名的卢卡逊数学讲座教授——剑桥大学只设有一个这样的职位，一直延续至今。卢卡逊数学讲座教授是剑桥大学最高的待遇，也是光荣的传统，只有名望很高或成绩很突出的人才有可能享受到这一待遇。那时候的牛顿不过27岁。

牛顿生性严肃，不苟言笑，不太合群。但他取得的科学成就早已使他鹤立鸡群，周围的科学家对他的缺点往往视而不见。这些人就包括胡克、哈雷、瑞恩等。

有一次，哈雷对牛顿说，英国皇家学会中的很多人都相信行星的运动是由太阳与行星之间的引力造成的，这种引力一定与它们之间距离的平方成反比，只是还没有人能把开普勒的椭圆轨道计算出来。其实，牛顿早就完成了这个工作，只是他一时想不起来把当初的计算纸放在哪儿了。

三、成 就 大 厦

1687年，《自然哲学的数学原理》正式出版，其中最有影响的是三大运动定律和万有引力定律。

第一运动定律也叫惯性定律，即一切物体在任何情况下，在不受外力的作用时，总保持静止或匀速直线运动状态。第二运动定律也叫加速度定律，即物体的加速度与物体所受的合外力成正比，与物体的质量成反比，此外，加速度的方向跟合外力的方向相同。第三运动定律又叫反作用定律，即相互作用的两个物体之间的作用力和反作用力总是大小相等、方向相反、作用在同一条直线上。

牛顿根据前人知识的积累，归纳得出"物体的本性"是惯性（质量），物体变化的原因是受力。

这三条定律构成了经典力学的基础。牛顿指出，力是物体运动变化的原因，是加速度的来源。其中第二运动定律（$F = ma$）提出了一种方法，一旦知道了外力的大小与方向，就可以精确地计算出物体随后的运动。

其实，第一运动定律、第二运动定律并非由牛顿初次提出，在他之前，伽利略已有差不多的说法，牛顿将它们系统地融合在了自己的力学理论框架内。第三运动定律是牛顿提出的。笛卡儿的动量守恒学说也包含这一层意思，但牛顿更加强调了"力"的角色。

在总结了许多世纪以来的观察、推理和分析材料后，牛顿给出了万有引力定律，"万有引力"是牛顿独特的创造。下面是万有引力定律公式：

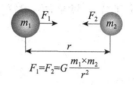

$$F_1 = F_2 = G\frac{m_1 \times m_2}{r^2}$$

它的基本内涵是，所有的物体之间，都会产生相互吸引力，力的方向在物体之间的连线上，力的大小与物体之间距离的平方成反比，与两个物体的质量乘积成正比。

牛顿与别人的不同之处在于，他把伽利略提出的地上的物体运动规律与开普勒提出的天上的星球运动规律联系起来，经过长期反复思考，由重力概念引出引力概念。就是在这样的背景下，苹果落地现象诱发这位天才科学家头脑中闪现出思想的火花。牛顿认为，重力不应只局限在地球上的一定距离，而一定能延伸到比一般认为的要远得多的地方，也许可以延伸到月球上。果真如此，那一定会影响月球的运动，也许会将它保持在一定的轨道上。于是，他开始计算这种设想可能得到的结果，最终提出了万有引力学说。这也意味着，在宇宙的任何一个地方，吸引力都遵守和在地球上一样的规律。

从古希腊的自然哲学家开始，人们就认为正圆形和正球形是最美的形状。因此，地球长久以来被认为是正球体。牛顿根据万有引力理论指出，地球不是正球体，而是一个赤道鼓起、两极扁平的橘子形球体。他还进一步推论，在地球的不同地方，受到的重力不是一个定值，它随纬度不同而变化。牛顿说："维持行星绕其轨道运转的力一定与其旋转中心距离的平方成反比。"牛顿的推论后来被实验——证实。

把地上物体的运动和太阳系内行星的运动统一在相同的理论体系中，从而完成了人类科学史上第一次自然科学的大综合，这是人类文明和科技进步的重要里程碑。

在古代人看来，彗星是极其神秘的星体。牛顿认为，彗星的运动也受万有引力的制约。英国天文学家哈雷用这一定律研究了1531年、1607年和1682年出现的3颗彗星，推断可能是同一颗彗星，并计算出它扁长的椭圆形轨道和运行周期为76年，断定它将于1758年再度回归。1758年，这颗彗星果然在预测的时间出现了，引起了极大轰动，成为当时科学界的一件大事。

太阳把行星拉向它的中心，就像地球把重物拉向它的中心一样。你可以设想一下，如果没有这种引力，行星也会像重力消失时的炮弹一样沿直线运动。正是太阳的引力，使它离开了直线轨道。牛顿论证了行星的速度和太阳的吸引如何一起作用，而使行星保持在它们运动的闭合曲线上。

牛顿的万有引力定律和三大运动定律不仅能解决地上的问题，还能解决天上的问题。特别是在望远镜普遍使用后，观测结果证明了牛顿理论的正确。

1781年，天文学家观测到了一颗新的行星，即天王星。他们运用牛顿的理论进行计算后，推算出了另一颗行星的存在，1846年，终于观测到了这颗行星，即海王星。牛顿的理论得到了验证。

万有引力是观察和思考自然的必然结果。从这个角度看，牛顿和苹果的故事不是毫无根据的。但一个苹果偶然落地就引发了牛顿关于万有引力的思想确实有点儿离谱。把地球上和天空中的一切物理现象，根据数学方法表达的定律的共性统一起来，在这方面，牛顿是那个时代的杰出者。

荷兰物理学家惠更斯对牛顿充满了敬意，他说："在真正的哲学内，所有的自然现象都可以用力学的术语来描述。"

牛顿力学打开了天上与地上的通道，使它们成为和谐世界的重要窗口。到这时，没有人再相信托勒密的"地心说"了。亚里士多德的"天空充满了神性"的观念也越来越没有市场。

牛顿力学成功地解释了太阳系的运动，计算结果与观测值高度吻合，人们在惊叹它的精准性的同时，也认可了牛顿非凡的预言能力。也难怪在牛顿的墓志铭中有这么一句话："他以超乎常人的智力，第一个证明了行星的运动与形状，彗星的轨道与海洋的潮汐。"

四、还原真实的历史

在人类文明的发展历程中，科学和知识的传承非常重要。客观地说，在牛顿之前，已经有人意识到自然的运动和力的本源，伽利略就是例子。但牛顿是第一个较完整地规划其体系、完成其计算的人。这正是他的《自然哲学的数学原理》价值巨大的原因——这本书被誉为有史以来最伟大的科学著作之一。我们也深深地体会到，在科学研究中，数学工具的先进和计算结果的精准非常重要。

牛顿知道自己受益于前人很多，因此在《自然哲学的数学原理》一书的序言中非常谦虚地写下了这么一句话："如果我比别人看得远些，那是因为我站在巨人的肩上。"

与牛顿同时代的科学家胡克与牛顿争平方反比定律的发现权，胡克说："我才是平方反比定律的第一发现者。"他还说："牛顿的一系列研究工作都是由我发起的。"胡克确实做了开创性的工作，牛顿不得不在《自然哲学的数学原理》里插了一份声明，说胡克也是平方反比定律的独立发现者。

牛顿与莱布尼茨关于微积分的发明权之争也是一个深刻的教训。在科学发展史上，莱布尼茨做出了很大贡献，他独立地发明了微积分，而且所用的符号体系更加规范，数学表达更加简洁。

还原真实的历史，历史人物就能变得栩栩如生，即使是性格和处事的缺点，也不会影响伟人的伟大。

五、《自然哲学的数学原理》

《自然哲学的数学原理》是一部内涵丰富的巨著，书中所写并非都是传统的物理。全书包括四大部分。第一部分概论是极为重要的导论性部分，牛顿对前人和自己的工作做了系统化的处理，高屋建瓴地建立了牛顿力学的概念框架；第二部分运用前面确立的基本定律，包括光的运动和万有引力等，研究各种运动和力的作用；第三部分讨论了物体在介质中的运动，并批评了笛卡儿的宇宙旋涡假说，牛顿认为，行星在旋涡中的运动不可能符合开普勒定律；第四部分是牛顿力学在天文学中的应用，讨论了宇宙的相关问题。

《自然哲学的数学原理》为人类勾画了一个全新的宇宙体系，为我们开辟了宇宙新视野，它清晰的层次和理论使科学界开始变得自信和理性。牛顿的语言描述清楚，概念表达清晰，理论体系严谨，逻辑思维简洁而有条理。牛顿理论的核心在于普遍性，他将地球和天体放在同一个层次上，提出了地球动力学和天体动力学的普适方案，为人类重新理解宇宙拓宽了道路。

《自然哲学的数学原理》的出版开创了人类的理性时代，展现了人类冷静理解身外世界的勇气和自信。它不仅是牛顿一生中的重要著作，也是影响人类历史、科学和文化的重要著作。

六、影响所及

　　牛顿力学是近代物理学的起点，也是此后数百年工程与技术突飞猛进的催化剂。工业和航海业的兴起就是应用技术的生动例子。牛顿力学精准有效，它不仅是物理的原型，也奠定了后来几乎所有科学和工程的基础，成为人类认识自然和改造自然的重要工具，世界的图景因此而独具魅力。

　　在牛顿之后，物理学进一步发展，应用范围更加广泛。在欧洲的工业革命中，它几乎是解决机械难题的灵丹妙药，像"能量""动量""力"等专业术语，成为当时社会日常用语的一部分。因此，哲学上的"机械决定论"不仅统领了科学上的思维模式，就是一般人的思想也深受其影响。这种情况一直持续到了20世纪初。

　　在牛顿力学发蒙之初，似乎只有两种力，一种是万有引力，另一种是接触力，其中包括摩擦力。虽然人们很早就发现了磁力，但没有深究其根源，或者说那时候还没有能力和条件研究这种力，只是在电磁学建立以后，系统性的研究工作才开始。

　　牛顿力学的应用比较广泛，它可以应用到固体、流体和气体等方面。当它应用到气体中时，就衍生出了气体动力学，这意味着它把人类带进了肉眼所不能及的微观世界。

　　19世纪初，法国的约瑟夫·拉格朗日（Joseph-Louis Lagrange，1736—1813）、拉普拉斯（Pierre-Simon Laplace，1749—1827），以及英国的哈密顿（William Rowan Hamilton，1805—1865）等在力学的数学

形式上取得了很大进展，他们的工作衍生出了一门新的学科，那就是分析力学。后来，量子力学的孕育成型就以它为基础。

七、对牛顿力学的思考

仔细研读牛顿力学，也许你会产生这样的疑问：牛顿的第二运动定律（$F = ma$，即力与加速度成正比）是否已经包含了他的第一运动定律？

就从这个公式出发，倒过来推推看。如果力（F）为零的话，加速度（a）是否也为零？而如果加速度为零，就意味着物体维持原来的惯性，或者做直线运动，或者静止，也就是我们常说的"静者恒静，动者恒动"了。到这时，结论已经出来了，原来，第一运动定律只是第二运动定律的一个特例。

但是在很早以前，人们不懂这一问题。其中的一个问题是："在没有外力干扰时，一个无生命的物体会怎样运动？"

亚里士多德是这样回答的："在垂直方向上，物体根据它的成分或向上，或向下，到它们应该到的位置去。"对这一问题的具体解答前面已经给出。这里需要说明的是，它的成分无非就是土、气、水、火，它们是亚里士多德心目中构成世界的四种元素。

亚里士多德的另一半答案是："在水平方向上，当有东西推它（受外力作用）时，它才会动。"如果我们把亚里士多德的话表达成另一种形式，那就是，速度与力成正比。受力越大，物体运动的速度就越快。当不受力（$F = 0$）时，物体就不运动，或表现为静止（速度为零）状态。

在伽利略以前，对物体运动的描述都是定性的，因为无法计算出它的运动速度，最根本的原因是无法准确测量运动的时间，像水漏、沙漏之类的计时器，连秒的变化都没有办法测出。

所以，如果你问他们"这块石头落地花了多少时间"，也太难为他们了。他们只知道，石头一定要往下落，噢，好像下落得还很快。这么一想，你就会意识到，伽利略发明钟摆是多么重要的一件事情了。

在当时，牛顿第一运动定律是打破常识的观念革新。任何看得见、摸得着的东西，它们的共同性质就是惯性，而惯性的大小就是质量。

有了惯性定律，牛顿第二运动定律的出笼就是水到渠成的事了，理解起来也很容易。既然不受力时速度不变，受力时速度当然要变。因此，"力与加速度成正比"也是意料之中的结果。这或许就是惯性定律被称为第一运动定律的原因了。

月亮围绕地球运动，而且是等速圆周运动。问题是，它为什么要绕着地球运动？或者说，是一种什么力在推动着它或牵引着它做那样的运动？

按照亚里士多德的观点，必有一种向前的牵引力，拉着月亮完成自己的历史使命，但谁也没有看见月亮的前面有什么东西在拉着它。但如果考虑"力与加速度成正比"，面貌就会焕然一新。等速圆周运动的加速度指向圆心，而月亮轨道的圆心就是地球。原来，月亮绕地球运动的原因是地球对它产生了一种力，那就是万有引力。到这时，神话不再是解释自然现象的工具，而真正成为点缀人类文化的美丽花朵。

行星运动和苹果落地似乎是两个没有关联的现象，但可以用同样的原理解释——那就是牛顿的万有引力。万有引力与物体的质量有关，还与它们之间的距离有关。

回过头来，再审视行星运动与苹果落地。牛顿利用万有引力理论对此作了解释，做了计算，得到了十分精准的结果。在这一方面，牛顿的理论收放自如，张弛有度。也可以说，牛顿是 17 世纪伟大的预言家。他的科学预言彻底打破了亚里士多德关于"天空充满了神性"的观念，也冲击了亚里士多德的学生、经院哲学的杰出代表托马斯·阿奎那（Thomas Aquinas，约 1225—1274）的天启信仰思想。

还有一点，牛顿的理论体现了数学的重要性。我们知道，即使是最好的数学，也只是一种近似，是一种凝固的模型，是一些符号的合乎逻辑的组合，它的成功就体现在它能够通过相对精确的计算达到一种理想。没有数学的参与，物理学研究难有突破。不仅物理学研究如此，所有的自然科学，甚至包括某些社会科学研究也如此。

八、引 领 世 界

对万有引力和其他方面的精准预言，使牛顿在欧洲家喻户晓。在他的眼里，宇宙就是一台大机器，"一刹那的状态，就能决定永恒"听起来是多么不可思议呀！

在300多年的时间里，牛顿的思想成为欧洲社会的流行观念。《自然哲学的数学原理》成为人类哲学的经典，牛顿的力学思想成为莘莘学子的最爱。在这样的背景下，其他科学家或思想家在牛顿数理哲学的光环下黯然失色，或在牛顿物理思想的狭缝里独善其身。

我们常说，"江山代有才人出，各领风骚数百年"，牛顿就是领数百年风骚的人才。

牛顿力学甚至渗透到了生物学领域，有一段时间，那些热爱牛顿的生物学家还借用机械的力学原理来解释植物的毛细现象和动物的血液循环。"机械世界观"竟也创造了理论研究的灿烂辉煌。

九、笃 信 宗 教

牛顿后来转向炼金术研究，对神学更是情有独钟，这与他的思想演变有关，也与他的物理观念有关。他相信创世之说，他认为，神创世之后，立下了世界运行的规律，便不再干涉人间的事务。科学家的任务就是发现其中的规律。上帝的那只手似乎使牛顿感到迷茫和犹豫。

晚年时期的牛顿专心致志地寻求《圣经》所述历史的真实性，他从天文学和神学入手，在他去世时留下了几千页有关神学和年代学的手稿。

牛顿认为，上帝是一个永恒的、无限的、绝对完美的世界主宰者，全智全能，无所不知，无所不在，无时不在，至高无上，至善至美。牛顿致力于宗教的研究，同样达到痴迷的程度。他为自己能以一个科学家的身份为上帝效劳而感到兴奋和荣耀。牛顿说："我从宇宙中看到的一切秩序和规律都是从上帝那里得到的。"在这种思想的指导下，必然会产生"上帝的第一次推动"。

由于越来越笃信宗教，牛顿研究的唯一目的是证实《圣经》的记述是否准确。但牛顿研究人类历史所用的原始资料是不可靠的。例如，他竟选取了传说中的"阿耳戈号"英雄们的航海故事作为他的纪年史的基本事实，把他的世界纪年史的整个宏大结构，建立在神话中由伊阿宋率领众英雄前往科尔基斯寻取金羊毛的背景上。牛顿认为，"阿耳戈号"的航海故事在古时候是作为一件历史事实来记述的，而神话中的这一记载在考古学上是站不住脚的。

牛顿熟知古代天文学，敬仰希腊天文学家喜帕恰斯。喜帕恰斯在公元前 130 年就算出了春秋两分点的岁差。

十、站在巨人的肩上

300 多年来，牛顿的影响无处不在。一位诗人曾写道："茫茫沧海夜，万物匿其行。天公降牛顿，处处皆光明。"用这首诗来形容牛顿和

站在巨人的肩上

他一生的光辉成就是非常恰当的。

在数学领域，他发明了微积分；在天文学领域，他发现了万有引力定律，开辟了天文学的新纪元；在物理学领域，他总结了三大运动定律，创造了完整的新物理学体系；在光学领域，他发现了太阳光的光谱，发明了反射式望远镜。

任何一位科学家，只要拥有上述四个领域伟大成就中的任何一个就足以名垂青史，而牛顿却包揽了全部。因此，牛顿自然而然地成为科学史上的一代大家。

1727年3月20日凌晨，牛顿在睡梦中与世长辞，享年85岁。他被安葬在威斯敏斯特教堂，只有英雄和大师级的人物才能享受这一殊荣。法国著名哲学家伏尔泰当时正在英国访问，他目睹了牛顿的葬礼，十分感叹场面的盛大和隆重。

"如果我比别人看得远些，那是因为我站在巨人的肩上。"从牛顿的这句名言中，我们不难窥见其思想的深邃和境界的博大。这是牛顿人生的一个重要侧面。

十一、并 非 结 尾

回顾物理学的发展历程，亚里士多德的思想笼罩欧洲社会2000多年，牛顿的思想笼罩世界300多年，直到量子力学问世、统计力学出笼、相对论诞生，一波科学的浪潮迎面而来，才从根本上动摇了经典力学的统治地位。

今天的学生，还必须学习牛顿力学，因为在绝大多数情况下，牛顿力学是我们认识和理解世界的一把钥匙，特别是走进宏观世界的一把钥匙，甚至是我们一生中绝不能丢弃的金钥匙——因为我们就生活在宏观世界里。

第六章
物质的表象

　　我们对世界的认识最初往往是表面的，我们自身知识的储备越少，对外界的感知就越趋于平面化。

　　那些属于表象的东西是阻挠我们深入研究的最大障碍。例如，我们对振动与波动的认识，对光的传播速度的认识，以及对色彩缤纷的光谱的认识，等等。

牛顿的伟大之处就在于，他为人类建立了经典力学的完美大厦。可以说，在宏观世界中，经典力学几乎能够决定一切问题。但在微观世界，情况就有些不同。

一、振动与波动

所有的物体都在运动，根本不存在不运动的物体。

你一动不动地坐在那里，就说自己一点儿都没动，整个身体都处于静止状态。物理学家说，你在随地球自转，地球还在轨道上绕太阳运转。生命科学家说，你在不停地呼吸，心脏在不停地跳动，血液在不停地循环，哪怕你已经进入梦乡，这种运动也不会停止。化学家说，构成你身体的分子或原子总是在不停地运动，正是它们的运动才打通了生物化学变化的通道，才使基本的生命现象得以维持。

越说越复杂，就此打住。

振动与波动是自然界中的常见现象，人类或许很早以前就观察到了这一现象。振动可以理解为往复运动。蜂鸟在花朵上觅食的时候，其翅膀的振动速度非常快，肉眼几乎观察不到振动频次。那些会飞的昆虫，翅膀的振动就是其与生俱来的一种运动方式。蜂鸟翅膀的频繁振动代表了一种运动方式，而水的波动却是另一种方式，波纹重叠就是对波的干涉现象的最好解读。水面的波纹、松开的弦索都是理解波动和振动的极好例子。但是在牛顿之前，还没有谁花心思研究过这些。

英国化学家罗伯特·玻意耳（Robert Boyle，1627—1691）和他的学生胡克共同发现了玻意耳定律，即在密闭容器中的定量气体，在恒温下，气体的压强和体积成反比关系。

胡克还发现，对固体施加一种力（叫应力），固体就会变形（叫应变），当然你会觉得这也没什么，生活中就有很多这种例子。但绝大多数人最缺乏的就是把生活中司空见惯的现象与高深的理论联系在一起。

我们看看胡克是怎么研究振动现象的。胡克进一步补充说，当应力不是很大时，变形与应力成正比关系，其比例常数随物质种类的不同而不同。这就是胡克定律，是物质的性质之一。胡克定律十分简单，但就是这个定律开创了弹性力学的先河。

若把胡克定律和牛顿第二运动定律综合在一起考虑，振动的原因就会大白于天下。以最简单的弹簧为例，当弹簧变长时，产生向内的拉力；当弹簧变短时，产生向外的推力。因此，如果把一个物体固定在弹簧一端，由于受这两种力的作用，就会在弹簧原来长度的附近产生振动。

这是定性描述，应用微分方程还可以计算出它的正弦函数，不过，这不是我们关注的焦点，如果你对此感兴趣，可以下功夫研究一番。

胡克定律不局限于此。可以说，任何一个稳定平衡系统都有可能产生振动，这说明振动现象是广泛存在的。

再说波动，波动不局限于光。实际上，当你往水里扔一块小石头时，就会看到随后传导的波动。水面上的波纹是一种横波，因为波的行进方向是水平的，它正好与波的介质（水面）的运动方向垂直。一根紧绷的弦，弹奏起来，弦上的波也是横波。

有了横波的概念，再来理解纵波就会容易些。当波的传导方向与介质的运动方向平行时，就可以定义其为纵波。它的特点是在波传导的过程中，介质的密度会发生变化，因此，纵波又叫作疏密波。在纵波中最常见的是空气中的声波。

无论是横波还是纵波，都具备以下几个性质。

第一，介质中的任何一小部分，由于它邻近介质的影响，都会受到胡克的复原力的作用，故遵从牛顿第二运动定律，做往复式的振动，而不是跟随波的前进方向。

第二，波的前进速度随介质性质的不同而不同。例如，声音的传播速度就与空气的密度和温度有关。介质相同时，波速就恒定。例如，当你沉浸在小提琴美妙动听的声音中时，就是你体会波的频率（或波长）与什么因素有关的绝妙时刻。

第三，你一定有过这样的体验：在水面上，两波相遇，如果是波峰与波峰相遇，就会得到更高的波峰；如果是波峰与波谷相遇，就会相互抵消。这种现象就是我们所说的"干涉"。

如果同一波源的单频波，经由不同路径到达同一区域，就会产生"干涉波纹"。因此，大厅中有一个地方发音，它的声音就会和墙壁上的反射音相干涉，我们就会感觉到有些地方的声音特别大，而有些地方的声音特别小。

到这时，你就会知道波动的重要性了。人们就是利用诸如此类的理论来设计和控制音乐大厅或会议室的声音效果的。

多数固体都有或多或少的弹性，且以一定方式遵守胡克定律，因此，固有频率就是物体的基本属性。

这时候，如果物体遇到了外加的力，这外加的力也有一定的频率（如声波或震波），当它的频率与物体的固有频率相同时，则物体的反应会随时间而加大。也就是说，外力所含的能量就会不断被物体吸收，其结果就是产生了我们熟悉的共振现象。

二、光与色的幻影

光是自然界中常见的现象，说到底，光也是一种波。我们不但生活在波的叠加中，而且生活在光的刺激下。我们处在光的包围之中，哪怕是到了晚上，也不能摆脱光的打扰。光的最大优点是，它扩大了我们的视野，把一个色彩缤纷、风景迷人的远景展现在我们面前。总体来说，人类对黑暗是厌恶的。因此，人类才会追求光明，才会有太阳崇拜，才会有普罗米修斯的故事。

但是，过量的光线是有害的，我们把它叫作光污染。对此，生活在当今社会的人，特别是生活在大城市的人体会最深。白天就不用说了，到了晚上，形形色色的光污染让人无法静下心来，更会影响人的睡眠质量。

如果你认为光无孔不入，那你就大错特错了。因为光线不会拐弯。想象一下或做个实验，只要多拐几个弯，就几乎看不见光的痕迹了，即使能隐隐约约地看到一点儿，那也已经不是最初的光了，而是不断衰减的散射光和反射光了。

在牛顿时代及稍后一段时间里，有人认为光是一种波，也有人认为光是一种微粒，一直争论不休。这就是光的波粒说之争。

光的散射现象说明光是一种波，这是波动说最常举的例子。这个实验也很容易操作：在暗室开一个小孔，让光从小孔进入，你看到的光的投影不是小孔那么大，而是一圈圈衍射的波纹。这就证明了光的波动性。

光的反射现象说明光是一种微粒，它差不多还有些弹性，类似一个圆球，反射的本质就是部分光或所有光被弹了回来。这应该成为微粒说的一个例子。光被反射的程度取决于碰撞面（反射面）的材质和平滑程度。

你可以进一步设想，如果所有的光都被弹回来，你就会看到反射面和发出的光一样明亮。这种材料最适合用于制作高速公路或重要场地的指示牌，当人借助于光远远看去时，它像是通了电似的，上面的文字或图示清清楚楚。目前已经有这类东西面世，但效果并不十分理想，更好的反光材料还等着你去进一步开发。

我们常说，光具有波粒二象性，这是爱因斯坦首先提出的。不仅光是这样，波粒二象性也是微观粒子的基本属性，这是法国理论物理学家路易·维克多·德布罗意（Louis Victor de Broglie，1892—1987）的贡献。不过，越是进入微观世界，波动性越显著；越是进入宏观世界，粒子性越显著。

除了极个别的情况，任何物质都会产生光的反射，反射程度取决于物质的材质、制作工艺和平滑程度。不过这里要说明的是，平滑程度主要是指微观尺寸（纳米范围）内的情况，不仅仅是我们肉眼所及而产生的感觉，这里指的是反光材料。

到了宏观世界，就是另一回事。天黑之后，我们为什么能看到月亮？就是因为它反射了太阳光。如果月亮没有这种能力，我们就什么也看不见了。

对光的体认是人类最重要的感觉和经验。17 世纪以前，一方面，人们知道光沿直线前进，所以才会看见一束光线非常直；另一方面，光照到某些物体上时，就能产生反射光，特别是在一些表面光滑的物体上，如中国古代的铜镜。"直线前进"和"镜面反射"是光的基本特性。在透镜技术发展起来以后，人们才逐渐认识了光的其他性质。

三、光 的 速 度

光速是指光波或电磁波在真空或介质中的传播速度，真空中的光速是目前所发现的自然界物体运动的最大速度。光的运行速度（c）是 $2.997\ 924\ 58 \times 10^8$ 米 / 秒，我们通常所说的每秒 30 万千米，只是近似值。

测定这样快的速度不是一件容易的事情，特别是在古代。一直到 17 世纪，才陆续有人试图测定光速。最早的光速是利用天文学上的观测数据推算出来的。

古代人认为，光速无限快。近代的开普勒和笛卡儿认为，光的传播不需要时间，在瞬间就能完成。

伽利略认为光有速度，而且速度有限。他说，光虽然传播得很快，但它的速度是可以测量的。1607 年，伽利略进行了最早的测量光速的实验。实验设计很简单：让两个人分别站在相距一英里[①]的两座山上，每个人拿一盏灯，第一个人先举起灯，当第二个人看到第一个人的灯时立即举起自己的灯，从第一个人举起灯到他看到第二个人的灯的时间间隔就是光传播两英里的时间。

从理论上讲，这种方法是可行的。只是光传播的速度太快，人的反应跟不上光信号的刺激。再加上在伽利略那个时代，对时间的测定并不如意。所以，这种方法根本行不通。尽管如此，伽利略的实验还是拉开了人类对光速进行测量的序幕。

伽利略最先测定了光速，从那时起，科学家用了 300 多年的时间才使这一工作日益完善。

光速测定的重要性日益突出。物理学家认为，如果这一问题能够解决，就会给光的本性争论提供重要依据。由于受当时实验条件的限制，科学家只能以天文学方法测定光在真空中的传播速度，还不能解决光受传播介质影响的问题，关于这一问题的争论始终悬而未决。

1676 年，丹麦天文学家罗麦在观测木星卫星的隐食周期时发现，在一年的不同时期，它们的周期也不一样。在地球处于太阳和木星之间时的周期，与太阳处于地球和木星之间时的周期，相差 14 天。罗麦认为，这种现象是光具有速度造成的，据此提出了有效的光速测量方法。这也是物理学发展史上的第一次。罗麦当时推断出，光跨越地球轨道所需要的时间是 22 分钟。

1676 年 9 月，罗麦预言，11 月 9 日上午 5 点 25 分 45 秒发生的木卫食将推迟 10 分钟。巴黎天文台的科学家怀着将信将疑的态度进行观测，观测结果证实了罗麦的预言。

法国科学院没有马上接受罗麦的理论，倒是科学家惠更斯对罗麦的理论情有独钟。惠更斯根据罗麦提出的数据和地球的半径，第一次计算出了光的传播速度，他计算的数值是 214 000 千米 / 秒。当然，这个数值与今天测得的精确的数据还有很大距离，但它启发了惠更斯对

---

① 1英里=1 609.344米。

波动说的研究。结果的误差不是因为实验方法的不当，而是因为罗麦对光跨越地球的时间的错误推测。后来，物理学家利用罗麦的方法，经过系列校正后得出的结果是 298 000 千米 / 秒，这与现代实验室所测定的精确数值已经很接近了。

1725年，英国天文学家詹姆斯·布拉德雷（James Bradley，1693—1762）发现了恒星的"光行差"现象，以意外的方式证实了罗麦的理论。刚开始时，布拉德雷根本无法解释这一现象。三年后的一个夏天，当布拉德雷在海上航行时，明显感受到了风向与船航行方向的不同。受它们相对关系的启发，布拉德雷认识到，光的传播速度与地球公转的速度共同引起了"光行差"现象。他用地球公转的速度与光速的比例估算出了太阳光到达地球需要 8 分 13 秒。这个数值比用罗麦法测定的要精确一些。布拉德雷的测定值证明了罗麦有关光速有限性的说法。

整个 18 世纪，光学的发展相对迟缓。进入 19 世纪后，光速的测定方法越来越先进，数值越来越精确。实验本身对光的微粒说带来了严重冲击。

光速测定在光学发展史上具有非常重要的意义。虽然从人们设法测量光速到测量出较为精确的光速经历了 300 多年的时间，但在此期间，每一个小的进步都促进了几何光学和物理光学的发展，尤其是在微粒说与波动说的争论中，光速的测定曾给这一场著名的科学争辩提供了非常重要的信息。

光速的测定不仅推动了光学实验方法的创新，也打破了光速无限的传统观念。在物理学理论研究的发展历程中，它也为微粒说和波动说的争论提供了判定的依据，并最终推动了爱因斯坦相对论的发展。

四、光色原理

三棱镜是一种常见仪器，牛顿就是利用其发现了光色原理。三棱镜的最大功能是可以把太阳光（白光）分解成各种色彩的光线，说明太阳光（白光）是由这几种单色光组合而成的；反过来，也可以把那几种单色光复合到一起，重新变成白光。

说到光色原理，还得从牛顿说起。我们熟悉的物理学家牛顿，在青年时期也研究过光谱。1663 年，还是剑桥大学学生的牛顿开始研究颜色问题，他的科学创造生涯就是从这时候开始的。

1666 年，牛顿很专心地在做一项研究。为了这项研究，很多天不见他的踪影，同事都很着急，他到哪里去了呢？原来他把自己关在一间黑屋子里，在观察太阳的光谱。大家都不理解，太阳如此遥远，又如此司空习惯，有什么可研究的？但牛顿拿定主意要研究太阳光谱。那个时期正是炎热的夏季，是一年中最热的时候，屋子里很黑，一点儿都不凉快，因为他把屋子所有的缝隙都堵上了。外面的小树林里凉风习习，屋里的牛顿大汗淋漓。他在干什么呢？

原来，他让一条很细的太阳光经过黄豆般大小的圆孔投射进黑屋子里来，离它不远处的纸板上就出现了一个明亮的光圈。牛顿手里拿着一个玻璃制的三棱镜，猛然一看像一块玻璃砖，上面有三条直边棱线，牛顿把它放在太阳光束通过的地方，并不时地转换着角度。当三棱镜截断了光束的去路时，纸板上的那个白色光圈就会消失，取而代之的是一个长条形的彩色光带，牛顿把它叫作光谱。

这真是太奇怪了。看到这些彩色光谱，牛顿的兴趣大增。他把手放在三棱镜的后面，结果，有的手指变成了红色，有的手指变成了黄色，有的手指变成了绿色和紫色，原来的白光却不见了。它们到哪里去了呢？

"这是一个新的发现"，牛顿对自己说。他一遍又一遍地重复着这个实验，结果还是一样：太阳光没有投射到三棱镜以前，是自然的白光；通过三棱镜后，就变成了各种颜色的光谱。

牛顿想起了夏天雨后的彩虹，最上面的是红色，下面依次是橙色、黄色、绿色、蓝色、靛色和紫色。

只要一想起这事，那些美丽悦目的彩色光谱就会浮现在牛顿的眼前。天上的水汽和三棱镜所起的作用一样，把太阳光分解成了多种颜色的光谱。原来，我们肉眼看到的太阳光并不是单纯的白光，它们只不过像白光而已。事实上，它们是多种颜色光的复合光，如果将其分解开，就是一条条非常明亮的彩色光带。

太阳光通过三棱镜后，原来的复合光变成了排列有序的彩色光带，每一条色带都占据一定的位置，如果再细分的话，又可以分出很多条精细光线，这些彩色光线的位置永远不会改变。不过，三棱镜的用途是有限的。

我们今天知道，不同颜色的光谱对应着不同的波长（λ）或频率（v），而它们与能量（E）密切相关。数学关系式为：$E = hv = hc/\lambda$。

仅仅靠感觉或经验我们很难明白，白光的本质并非白色；我们也很难想象，我们最熟悉又十分陌生的太阳光在走过了无数里程后会传达些什么信息。颜色的后面隐藏着一个奇异的世界。遥远的太阳上面都有些什么呢？太阳光在走过了亿万年的时间后，会带给生命什么福祉？

不过，牛顿关注的不是这些，他要弄清楚光线的神奇组合，那些单色的光谱为什么一会儿分开，一会儿又合在了一起？在变幻莫测的神奇色彩背后到底隐藏着些什么？

牛顿想，既然三棱镜能将普通白光分解成各种颜色的光，那么，能不能将多种颜色的光再复合成白光呢？于是，他又倒过来做这个实验，他用另一个三棱镜把多种颜色的光集中到一起，这时，奇迹发生了——从三棱镜的另一边看过去，就是普通的白光了。

既然太阳光是多种颜色的光的复合体，那么，能不能把这些颜色画在一个圆木盘上，再让木盘转动，看看是什么效果。说干就干，牛顿照此想法做了圆木盘，在上面依次画上了太阳光所包含的各种颜色，然后用手旋转圆木盘。这时，他看到的几乎是白色的圆木盘，而且，旋转的速度越快，圆木盘越接近白色。

到这时，一个成熟的想法已经产生，牛顿据此写成了一篇论文。1672 年 2 月，牛顿在英国皇家学会的《哲学会刊》上发表了《光与色的新理论》，这是他的第一篇论文。该论文详细描述了 1666 年做的那次实验，其中说道："白色的太阳光是一种由折射率不同的光线组合成的复杂的混合光。"

后来，牛顿和他的老师巴罗将单色光再经过三棱镜折射，发现单色光的颜色并没有改变。1675 年，牛顿进一步指出了光的不同折射率与颜色的关系，正确地解释了日光通过三棱镜后出现彩色光谱的原因。他说："颜色具有一种原始的、天生的性能，并不是光线经过折射或反射产生了颜色，折射和反射也不能改变它们的颜色。三棱镜只是将复合白光分解成了单一色彩的光，反之，也可以将几种彩色光复合成白光。"

对太阳光谱的研究仅仅是牛顿早期的成果之一。就是这一成果也是划时代的，因为它揭开了太阳光谱的神秘面纱，开启了一个令人耳目一新的科学天地。从此以后，观察和研究光谱的人越来越多，观测技术也越来越先进。从牛顿开始，一门新的学科——光谱学就诞生了。

牛顿是微粒说的重要信奉者，他说光是粒子，认为太阳光就是由很多种色彩不一的粒子构成的。

五、光 的 干 涉

干涉现象是波动性独有的特征，如果光真是一种波，就必然会产生干涉，人们就一定会观察到光的干涉现象。1801年，英国医生兼物理学家托马斯·杨（Thomas Young，1773—1829）在实验室里通过双狭缝实验终于成功地观察到了光的干涉现象。

托马斯·杨的双狭缝实验是这样的：当单色光源照射在一个有双狭缝的屏幕上时，则在屏幕之后的另一个屏幕上产生干涉条纹。这个实验不但证实了光是一种波，而且提供了测量光波波长的方法。他当时观察到的现象是，两列或几列光波在空间相遇时相互叠加，在一些区域始终加强，在另一些区域则始终削弱，形成稳定的强弱分布现象。

干涉现象通常表现为光强在空间做相当稳定的明暗相间的条纹分布。有时则表现为，当干涉装置的某一参量随时间改变时，在某一固定点处接收到的光强按一定规律做强弱交替的变化。

在物理学发展史上，光干涉现象的发现捍卫了光的波动学说。10年之后，科学家又研究了偏振光的干涉现象。现在，光的干涉已经被广泛地用于精密计量、天文观测、光弹性应力分析、光学精密加工中的自动控制等许多领域。

第七章

电与磁（一）：
走出神话传说

电与磁是人类最古老的感受和记忆。当你捕捉某种鱼类时，可能会受到它的电流刺激，那是生物电；当你在冬天的早晨触碰某物体时，可能会感觉到一种刺激，那是静电——虽然只是一瞬间的感觉，但却非常真实。还有常见的闪电，它是正、负电荷相互淹没的产物。

对磁现象的认识或许稍晚些，不过，指南针似乎是一个古老的传说。很多年后，人们才知道，电与磁原来形影不离。

　　100 多年前，世界上大部分地区的人还生活在没有电的日子里。100 多年过去，世界发生了天翻地覆的变化。今天我们的生活离不开电，与电有关的衍生产品有电灯、电话、手机、电视、电影、电脑、冰箱等。从几乎没有电器产品到电器产品数不胜数，这就是今日世界在物质层面的深刻变化。变化之大令人难以想象，而且，这种变化又影响了人们的生活、工作和习惯，甚至影响了人们的思想和观念。

　　想一想，如果唐朝时有手机，李白或许就写不出"天长路远魂飞苦"之类的诗句；如果宋朝时有互联网，秦少游或许就很难产生"金风玉露一相逢，便胜却人间无数"这样的灵感，也写不出"两情若是久长时，又岂在朝朝暮暮"这样优美的句子。

一、古 老 记 忆

　　今天的人对电再熟悉不过了。没有了电，我们都不知道生活还能不能维持下去。据说 4000 年前的两河流域就出现了电池，个别出土文物很难称得上是确切的证据，也令人难以置信，就权当作是一个美丽的传说吧！

　　不过，古希腊人知道摩擦生电却是真的，他们发现，摩擦琥珀、皮毛可以生电。电的英文单词 electricity 的字根，就是希腊文中"琥珀"的意思。

　　中国人很早就知道天然磁石会吸引铁，带电物体会吸引小物体。

东汉时的王充对此就有记载。指南针是中国人的发明，磁铁矿早就有了。远古时代，在人们的心中，磁石和磁性是有些神秘感的。古代中国人早就知道，这种天然矿石会引导方向，产生一种吸力。正因为如此，人们才会把这种石头和巫术联系起来。在科学还没有发展到一定程度时，这种"神石"的力量主要用来引导巫术、辅助占卜和服务于当时的社会生活。

到了宋代，中国人才把磁针应用于海上航行，这是技术上的巨大进步。大约两个世纪后，磁针才沿丝绸之路传到了欧洲，促进了世界航海业的发展。在那里，欧洲人把磁针由指向南方改为指向北方。

二、神奇的力量

17 世纪末，牛顿出版了《自然哲学的数学原理》，这本书告诉人们，力的方式多种多样，对它们的研究成为物理学的重大课题，直到今天，人们仍在研究力的某些细节。

在牛顿看来，天上的行星、地上的苹果都在万有引力的掌控之内，而且还相当地精准。但万有引力不是唯一的，还有其他各种形式的力，包括电与磁产生的力。

在常见的自然现象中蕴藏着复杂的科学知识。比如，花儿会盛开，盛开的花儿会衰败，你能说出是什么力在起作用吗？比如，破碎的花瓶为什么不能复原如初？我们可能会说，本来就是那样。司空见惯的现象似乎是不用解释的，而科学的精髓恰好就隐藏在这类司空见惯的现象背后。

电与磁都会产生力，这种力远远不是万有引力所能比的。生活中，谁感受到万有引力了？在我们周围，两个差不多同样大小的物体没有因为万有引力的存在而结合在了一起。由于在宏观世界，那种力实在

指南针和磁铁

是微不足道。但是，如果是两块磁铁，情况就会大大不同，把它们结合在一起的就是磁力。很多人小时候都玩过磁铁，他们会在磁铁无数次的分分合合中感受到某种神奇的力量，这种神奇的力量或许就是他们走向科学之路的起点。

三、从驯服电开始

虽然电磁现象的历史悠久，但人们对电磁现象的大量而卓有成效的研究却始于 18 世纪，特别是电。因为电很容易产生，只要摩擦两个适当的物体就能产生，带电物体会吸引小纸片，在黑暗的环境中会看到电火花。拿一根小铁棒儿，在衣服上摩擦，都会玩出这些花样。玩得久了，也许你就会产生某种想法。

18 世纪，就有人据此发明了摩电器。当然，电流是瞬间产生的，也必然会在瞬间消失。如果你能发明一个装置，让瞬间产生的电流储存下来，就会积聚成强大的能量。当你这样做的时候，你就在进行有价值的发明了。

法国物理学家杜菲（Charles-Francois du Fay，1696—1739）就是这么玩的，他不是偶尔玩，而是经常玩，玩来玩去，还真就玩出了那么点儿意思。他发现，不管用什么东西摩出来的电，只有两种形式，一种是玻璃电，另一种是树脂电，这是杜菲的叫法。而且，不同类的电，相互靠近时才会相吸或冒火花，同类的电则相互排斥。这就是我们常说的"同性相斥，异性相吸"。

杜菲还发明了一个类似玩具的装置，用它可以验证电现象。他的装置是这样的：在密封的玻璃瓶中插入一根金属棒，瓶内的一端挂上两片金箔，瓶外的一端做成一个小球。当带电物体靠近小球时，金箔就会张开。今天看来，这算不上稀奇之事，但在电现象还很神秘莫测的时代，这就是了不起的发现了。

电神出鬼没，不容易掌控，特别不容易储存。在 18 世纪以前，做一个电现象的实验，就必须准备随时从头做起。这意味着，你必须随时制造一些电。如果能把电储存起来，那将多么好啊！

1745 年，荷兰莱顿大学的马森布罗克（Pieter von Musschenbrock，1692—1761）教授根据克莱斯特（E. G. Kleist，1700—1748）发明的储电器，发明了莱顿瓶。马森布罗克找了一个玻璃瓶，在瓶的内外壁上各贴一圈锡箔纸，这样，就可以把摩擦产生的电输进瓶中，这就是所谓的充电过程。这些电能在瓶中待很长时间，如果取两根金属线把瓶内外相连，就会看到在两金属线的缝隙中产生的火花。

按今天的观点看，莱顿瓶不过是个原始的电容器，但在当时却属于原始的创新。从那时起，人们越来越知道了莱顿瓶的神奇。后来，瓶子越做越大，实验也越来越具有震撼效应。壮观的火花意味着能量的巨大。人们在领教了电的威力的同时，也开始考虑如何驯服和利用这种神秘莫测的东西。

四、风筝实验：富兰克林的故事

本杰明·富兰克林（Benjamin Franklin，1706—1790）是美国著名科学家，美国的开国元勋之一，美国的《独立宣言》上就有他的签名。在美国的独立革命中，他以著名科学家的身份出使法国，为美国的独立立了大功。

富兰克林对电的研究几乎成为一个传奇。故事发生在 1752 年的夏天，那一天是雷雨天气，富兰克林做了著名的风筝实验。在一块空旷的地带，富兰克林高举着风筝，他的儿子威廉则拉着风筝线奔跑。一道闪电从风筝上掠过，富兰克林用手靠近风筝上的铁丝，立即掠过一

富兰克林和他的风筝实验

种恐怖的麻木感。"成功了！成功了！"之后，富兰克林又将天上的电收到莱顿瓶中，从此证明了天上的电和摩擦出来的电是一样的。做这个实验要冒被雷击中的风险，而且有可能付出生命的代价。

富兰克林不仅把天上的电收到了莱顿瓶里，还告诉人们雷电损害建筑物的事情是可以防止的。他发明的避雷针就能做到这一点。这是一个很简单的装置，即在建筑物上装一根金属针，通到地下，建筑物里的人就不用怕雷击了，因为电被这个装置导入了地下。

富兰克林还注意到了两种电相互抵消的现象，后来，他建议把"玻璃电"与"树脂电"改为"正电"与"负电"。正电、负电的命名一直沿用至今。他还创造了许多专用名词，如导电体、电池、充电、放电等，这些名词已经成为世界通用的词汇。今天我们知道，电流产生的本质原因是电子的流动，电流的方向与电子流动的方向正好相反。

五、库 仑 定 律

在电学实验的定量方面，首先是电荷量的测定，这个工作主要是由法国科学家查利-奥古斯丁·库仑（Charles-Augustin de Coulomb，1736—1806）完成的。库仑是军人出身，曾经在中美洲待过一段时间，后来，由于身体的原因回到了法国，法国大革命后隐居在家。

正是在家里待的那些日子，他利用扭秤原理，经过反复测量，终于发现了库仑定律：真空中两个静止的点电荷之间的相互作用力，与它们的电荷量的乘积成正比，与它们的距离的二次方成反比，作用力的方向在它们的连线上，同性电荷相斥，异性电荷相吸。

库仑定律文字表达通俗，数学形式简单，应用价值巨大。在电学发展史上，这是具有开创意义的发现。

仔细分析，我们就会发现，库仑定律中用到了牛顿的力的概念。

如果没有牛顿对力的阐述，很难想象库仑定律是个什么形式。因此，这也就成了牛顿力学中一种新的力。而且，它与牛顿的万有引力还有相同之处：与距离的平方成反比。当然两者也有不同之处：定律中的同性相斥和异性相吸。

库仑定律是静电学的基础，静电学研究的就是电荷静止时的各种现象。如今要学习电磁学，首先要掌握的就是库仑定律。

静电力非常强大，远不是万有引力所能比的。尽管如此，正电、负电相互抵消的趋势也是很强的。我们通常看见的物体虽然带有很多的电荷，但几乎抵消得干干净净，我们所接触到的所有物体都呈现电中性，是一种很容易接近的状态。要想使某种物体保持带电状态，就必须不断地摩擦，即使这样，新生的电一不留神就会由于被中和而消失殆尽，我们总是感觉到摩擦电难以驾驭。

虽然库仑定律描述电荷静止时的状态十分精准，但其应用却不容易。以静电效应为主的影印机、静电除尘等，是 19 世纪 60 年代以后才发明的，那时距库仑定律的发现已过去 100 多年。

六、伏 打 电 池

雷雨时的闪电或莱顿瓶的火花放电都是瞬间的事，很难以此为突破口去研究电流的效果。但是，电池可以供应长时间的电流，这时的电流已经是直流电了。这个非常重要，电池的发明就是电磁学发展史上的一件大事。

18 世纪的欧洲，正处于向外扩张的黄金时期。欧洲人的殖民地绵延到了世界的很多地方，包括遥远的南美洲。在南美洲的亚马孙河出产一种鱼，它能在瞬间发出强的电流，把一些小动物电晕，它就靠这种本领捕食，这种鱼就叫作电鱼。欧洲人也对电鱼感兴趣，他们想知道，动物电是怎么产生的，动物的身体是如何发电的。

1780 年，意大利波隆大学教授、物理学家加伐尼（Luigi Galvani，1737—1789）发现，用电击青蛙的腿时引起了蛙腿的抽动，他认为这是动物电的效果。

1793 年，比萨大学的伏特（Alessandro Giuseppe Antonio Anastasio Volta，1745—1827）教授把一块锌板和一块铜板放到舌头上下，用铜丝将两板连接，他感觉出了舌头上的咸味，且铜丝中有电流通过。但不久，他发现这与动物电无关，因为若不用舌头，而用一片浸过碱水的纸板夹在铜板和锌板之间，也可以产生电流。

这就是有记载以来最早的电池。有了稳定的电源，电流的研究与应用工作才得以继续。将电压的单位定为伏特（V）就是对伏特最好的纪念。

伏打电池后来发展成了伏打电堆，再后来，被更多的人仿效，伏打电堆越做越大，甚至可以表演连续火花。研究者不断改进，使其工艺越做越精，性能越来越好。今天，改良或研究新型电池仍然是一项非常重要的工作。

第八章

电与磁（二）：
从科学到技术的蜕变

回顾物理学的发展历史，我们发现，一直到18世纪中叶，电与磁似乎还只是一种令人着迷的"玩具"。科学在萌发之初似乎都有一种游戏的性质，艺术也是一样。这是很有意思的一件事。

但发展到后来，它们就有可能改变世界。这也是人类重视科学的原因之一。

一、磁针转动

在伏特发明了电池之后不久，有人发现，电流可以从溶液中通过。1800 年，英国科学家威廉·尼科尔森（William Nicholson，1753—1815）等发现了电解现象，例如，水可以被通过的电流分解成氢与氧。这一发现意味着通过电的作用可以使某些物质发生化学反应，这为制备一些特殊物质提供了一种强大动力，也提供了通过电解作用在某些物质表面镀一层其他物质的方法，这就是我们今天所说的电镀。

但把电镀从原理变成技术并应用于生产环节，则是 30 年以后的事了。1835 年，德国人维尔纳·冯·西门子（Ernst Werner von Siemens，1816—1892）创立西门子公司，将电解的理论和技术转化为生产力，生产出各种相关产品，直到今天，西门子仍是世界上的重要品牌。

但是，如何定量地测定电流还是一个特别难的问题。那时候的科学家想了各种办法，也没有得到理想的结果——这些办法中就包括利用电线的发热来测定电流。

人们很早就知道，电与磁之间有某种关联。有文献记载，有一间铁匠铺被雷电击中，铺中铁器都产生了磁性。应该说，这种情况的发生并不是偶然的。只要稍微留心，很多人都会发现类似的现象。

18 世纪，很多人在研究放电现象时，注意到附近的磁针会动。1820 年，丹麦哥本哈根大学的物理学家汉斯·克里斯蒂安·奥斯特（Hans Christian Oersted，1777—1851）在一次演讲中表演电流生热，在实验的过程中突然发现，导线中的电流会使附近的磁针偏向垂直方向运动。

这意味着电流可以产生磁力。电流越大，磁针偏向就越明显，而且还不受纸板间隔的影响。这在当时是一个激动人心的发现，很多人对此不解，纷纷前来观看。

没有多长时间，就有人做出了线圈，只要把导线一圈一圈地绕起来就行。这就是最原始的线圈。它的特点是，只要很小的电流就能产生很大的磁力。线圈电流可以使小磁针转动，如果是一个大磁铁，线圈也会反向而动。

二、安培定律和欧姆定律

法国物理学家安德烈·玛丽·安培（André-Marie Ampère，1775—1836）首先想到，所有磁性的来源或许都是电。1820 年，他通过实验证明，两根通电的导线之间也会产生吸力和斥力。他说，在两根通电的平行导线中，若电流方向相同，则相互吸引；若电流方向相反，则相互排斥。而且，力的大小与两根导线之间的距离成反比，与电流的大小成正比。这就是著名的安培定律，是电磁学中的重要定律。

后来，安培又证实，通了电流的筒状线圈也有磁性。他提出，物质的磁性都是由物质内部的电流引起的。安培的假说使磁性成了电流的生成物。从此之后，电与磁在物理中就分不开了。安培后来被誉为电磁学的始祖，电流的基本单位也用他的名字命名。

安培发现的重要性更多地表现在应用方面。既然电流能够产生力，那就意味着可以使物体动起来。后来的各种电表、电流计、电报、电马达、电话等，无一不是受惠于此。

继安培定律之后，电磁学理论和应用的发展步伐越来越快。1826 年，物理学家和数学家欧姆（Georg Simon Ohm，1789—1854）提出了欧姆定律，首次明确了电压（U）、电流（I）和电阻（R）之间的关系

（$V=IR$）。欧姆定律是以后所有电路理论的开端。

三、电报和电话

　　19 世纪的美国发展很快，一方面是因为地域广阔、资源丰富、人口稀少；另一方面是因为良好的法律制度已经形成，人们对未来充满希望，那里也吸引了世界人民的目光。那时候的美国人既好奇又爱冒险。在电器的发明上，美国人从那时起开始领先世界。

　　1829 年，约瑟夫·亨利（Joseph Henry，1799—1878）改良了电磁铁，知道了电报的原理。1839 年，萨缪尔·芬利·布里斯·摩斯（Samuel Finley Breese Morse，1791—1872）发明了摩斯电码，制成了电报的第一个原型，电报开始发展成为新兴行业。1854 年，英国人开尔文（Lord Kelvin，1824—1907）研究越洋电缆理论，他的研究结果促成了大西洋两岸的电信往来。

　　1876 年，美国人亚历山大·格拉汉姆·贝尔（Alexander Graham Bell，1847—1922）发明了电话，这项发明使贝尔一夜成名，他公司的生意也是风生水起。据说贝尔晚年讨厌电话，隐居在一个叫纽芬兰（加拿大东北）的极寒之地，但贝尔公司至今尚存。

　　詹姆斯·普雷斯科特·焦耳（James Prescott Joule，1818—1889）和开尔文的主要成就还在热学方面，如焦耳的热功当量、开尔文的绝对温标等。他们共同发现了冷冻机原理，即气体膨胀时，温度下降。但当时的英国工业界对冷冻机原理不感兴趣。主要是因为维持冷冻机运转需要大量的电力，当时还没有便宜的发电方法，而利用电池发电代价太高。因此，用电量较小的通信器材就有更大的市场，电报与电话因此应运而生。

　　想想也是这样，对当时的一般民众而言，生活中用电是很少见的。

电报，只有紧急的时候才用，按今天的话说，那就叫刚性需求。而电话，只有少数有钱人才能装得起。

电报业在风光了 100 多年后渐趋没落，因为今天的卫星通信技术已经成熟，我们有了更好的通信方式。哪怕是相隔万里，所有的信息（包括图像）瞬间就能抵达。

四、电磁互感：法拉第的故事

19 世纪最伟大的实验科学家之一非法拉第莫属。他的一生，是自学成才、学有所用的一生，是顽强拼搏、不屈不挠的一生，也是忘记自我、为科学献身的一生。

1. 勤奋好学打动了戴维

英国物理学家和化学家迈克尔·法拉第（Michael Faraday，1791—1867）生于萨里郡纽因顿一个贫苦的铁匠家庭，兄弟姐妹十个，靠父亲打铁的收入勉强糊口，接受教育就谈不上了。所以，法拉第刚会读书写字就失学在家，给父亲打打下手。

少年时期，法拉第在伦敦的一家书店里当学徒。当时，皇家研究所的所长汉弗莱·戴维（Sir Humphrey Davy，1778—1829）经常举办一些通俗演讲，法拉第每次都去听讲，还把听课笔记细心地装订成册。这本厚厚的笔记就成了法拉第走向科学殿堂的敲门砖——他把自己的笔记寄给了戴维。

看到法拉第的笔记，戴维深受感动，对其十分赏识。那段时间，戴维的实验室正好缺一名助理，戴维就聘任法拉第为研究所的助理。法拉第是个实验天才，不久，便显示出了这方面的才能，真正成了戴维的得力助手。戴维退休后，法拉第被任命为皇家研究所所长。那时候，法拉第刚满 30 岁，从中不难体会出法拉第是何等的聪明和勤奋。

戴维是电解专家，他在 1807 年发现了钠与钾，靠的就是电解的方法。法拉第对电解很熟悉，也很有研究。他发现，在电解过程中，电通量和分解量有一定的关系，且与被分解的元素的原子量有一定的关系。

2. 场与力线的概念

法拉第少年失学，缺乏科学方面的正规训练，虽然他的数学知识有限，但他有很强的直觉。在电与磁方面，他的直感的基础就是场与力线的概念。

万有引力提出之初，很多人对它表示怀疑。人们认为，两个相距遥远的物体之间，没有什么媒介却能相互牵引，简直不可想象。牛顿本人也很迷茫。但是，万有引力确实解决了很多问题，这是它大获成功的地方。在这种情况下，超距力的概念就被普遍接受了。在电磁学发展之初，人们也把库仑力和安培力划归超距力的范围。

其实，早在牛顿之前，英国医生吉尔伯特（William Gilbert，1540—1603）系统地研究了电磁现象，特别是磁现象，并写了一本书——《论磁》。这本书的重要价值是淡化了磁性的神秘色彩，把它当作一种自然现象进行客观描述。

吉尔伯特在书中提出了力线的概念，他说，磁性物质发出一种力线，而其他磁性物质遇到了这种力线就受到力的作用。吉尔伯特说："'力线'不断、不裂、不交叉打结，但有起始和终止。'力线'有大小与方向，大小与密度有关，方向与磁极有关。"

吉尔伯特生活的年代比牛顿早了约 100 年，能提出这些富有见地的理论难能可贵，在物理学发展史上，人们不会忘记他。

在电与磁的研究中，法拉第提出了场的概念。他说："空中任意一点，虽然空无一物，但有电场和磁场存在，这种'场'可以使带电和带磁的物质受力，而'力线'则表现为'场'的一种方式。"

法拉第认为，电磁作用力均需要媒介传递，他从实验中得知，电介质影响带电体之间的电磁作用。他设想，带电体或磁体周围有一种由电磁本身产生的连续的介质，正是它传递了电磁相互作用。他把这种看不见、摸不着的介质叫作场。

为了直观地显示场的存在，法拉第又引入了力线的概念。电力线或磁力线由带电体或磁体发出，散布于空间，作用于其中的每一个电磁物体。

3. 电磁互感

电和磁在法拉第这里实现了相互转变，法拉第把它叫作电磁感应现象，他的工作开启了人类电磁时代的新纪元。

演示磁力线的实验很容易，只要你愿意，在家里就能完成。将铁屑撒在一张纸上，纸下放一块磁铁，轻轻弹动这张纸，纸上的铁屑就会自动排成一个规则的图形。法拉第说，铁屑所排成的形状就是磁力线的形状。

但在当时，法拉第的场的观念受到了强烈的怀疑和反对，怀疑论者认为，场的观念没有超距力精确。用数学形式来描述场、把场精确化的是后来的詹姆斯·克拉克·麦克斯韦（James Clerk Maxwell，1831—1879）。

法拉第对电磁学最重要的贡献是发现了电感现象。我们知道，有磁性的磁铁可以使附近无磁性的铁棒磁化。

根据安培的发现，通了电流的筒状线圈的磁性与磁铁棒相同，它也可以使其附近的无磁性的铁棒磁化，实验很容易验证这一点。受此启发，法拉第就想，是否也可以用通了电流的筒状线圈来引起其附近另一个筒状线圈中的电流产生？这是一个很有创意的想法，能不能实现就看实验的设计技巧了。

1824年，法拉第开始动手实验，花了很长一段时间但没有达到目的。后来，他用400多英尺[①]的电线做了两个互相套合的线圈，才在无意中发现，在第一个线圈中的电流关掉的瞬间，第二个线圈中有瞬间

———————————
①　1英尺=0.3048米。

的电流产生，甚至还会冒火花。这时距他开始动手实验已经 7 年。没有持之以恒的精神，法拉第可能早就放弃了。

通过研究，法拉第还发现，当第一个线圈中的电流有变化时，第二个线圈中才有电流产生。而且，第一个线圈中的电流变化越快，第二个线圈中的电流越大。接下来的发现就更不寻常了，一个移动的磁铁或通了电流的筒状线圈，也可以使附近的线圈中产生感应电流。这就是法拉第电磁感应定律，是电磁学中的重要定律。

感应电流的发现具有重大意义，它意味着通过连续的运动磁体可以不间断地产生电流。

与库仑定律和安培定律不同，法拉第定律考察的是动态的过程。"第一个线圈中的电流变化越快，第二个线圈中的电流越大。"变压器就是根据这一原理设计的。"磁铁或通了电流的筒状线圈移动得越快，第二线圈中产生的感应电流就越大。"这意味着可以把动能转化为电能，这是发电机的工作原理。

早在 1821 年，法拉第受奥斯特、安培、沃拉斯通（Wollaston，1766—1828）等工作的启发，成功地使一根小磁针绕着通电导线不停地转动。通过实验，他相信电流对磁铁的作用力本质上是圆形的。事实上，这个装置就是历史上的第一台电动机，只是它太小，像个玩具。但是，这个像玩具一样的发明后来改变了世界的面貌。电动机和发电机的问世预示着人类电气化时代的到来。

4. 他的发现改变了世界的面貌

今天，我们返回来看，法拉第的发现太重要了，可以毫不含糊地说，他的发现改变了世界的面貌。

据说皇家研究所有一次举办研究成果展览，英国财政大臣也去参观，当看到法拉第的助手们表演火花放电，以神奇的电磁现象娱乐伦敦市民时，这位财政大臣有些不解地问法拉第："你花了政府这么多钱，就是为了表演？"法拉第冷冷地回答："You will tax it（有一天你会抽它的税）！"

法拉第一生勤奋工作，到 1855 年退休时有些不知所措。即将要退休，他才为自己未来的生计发愁，因为英国当时还没有退休金制度。他不知道，维多利亚女王已经悄悄为他准备了一套房子和终身俸禄，还准备给他封爵，想给他一个意外的惊喜。法拉第接受了房子和终身俸禄，但坚决辞掉了封爵。他是有原则的人。

虽然法拉第解决了发电机的工作原理，但要造出一台实用的发电机却不是那么简单。在法拉第定律之后，又过了 50 年，第一台发电机才在美国制造出来。

五、电灯、电影、留声机：爱迪生的故事

在美国，托马斯·阿尔瓦·爱迪生（Thomas Alva Edison，1847—1931）是家喻户晓的天才，也是美国人所崇尚的传奇人物，在世界各地都享有盛誉。因为他一生完成了 2000 余项发明，包括影响世界的留声机、电影机、电灯等（当然，在他背后有强大的团队），发明专利达 1093 项，这个纪录一直保持至今。所以，人们把爱迪生叫作"发明大王"。

像许多天才人物一样，少年时代的爱迪生喜欢钻研和冥思苦想。据说 5 岁那年，爱迪生父亲看到他一声不吭地蹲在鸡窝里，不知他在干什么，原来他是在模仿母鸡孵小鸡。上小学时，他常常提一些稀奇古怪的问题。老师若不回答他，觉得自己没有尽到职责；若回答他，又不知如何回答，因为他提的问题有些不着边际。所以，学校老师有些不喜欢他，并告诉爱迪生的母亲说，这个孩子有点儿傻，上学也是白搭。

母亲一气之下就让他退了学，把他领回家自己教。让这位母亲生气的是学校僵化的教育方式，以及任课教师的平庸和短视。正是在母

亲的教育下，爱迪生的天资得到了充分释放。他阅读了大量书籍，又喜欢动手做实验，在家里建了一个小小的实验室。

但爱迪生的家境并不富裕，为了买实验用品，他不得不出去挣钱。他先后在火车上当过报童、办过报纸。总之，吃了很多苦，受了很多累，不过也从中获得了许多启示，积累了许多经验。

说到爱迪生，我们首先想到的就是电灯。早在1809年，英国化学家戴维就发明了弧光灯，但弧光灯要用2000多组伏打电池作为电源，成本实在是太高了。而且，它的光线太刺眼，不能用于普通家庭照明。

有了电之后，发明电灯的关键是要找到合适的灯丝，它要具备两个条件：一个是在通电状态下能发光，另一个是要经久耐用。

爱迪生在1879年发明白炽灯成为轰动世界的新闻，他以碳化纤维（实际上是一种碳化了的竹子纤维）作为灯丝，竟然可以照明达1200小时，这个时间已经足够长，完全可以用于普通照明。那是人类的第一盏电灯。它意味着，每当夜幕降临时，人们不必总是面对黑暗了。

描写爱迪生的故事很容易，但故事的背后充满了艰辛和坎坷。就以电灯的发明为例，据说爱迪生为此试验了1600多种耐热材料和6000种植物纤维，失败了1000多次。最后的成功带来了世界的辉煌，当然，也带来了他自己人生的辉煌。

爱迪生在发明电灯的过程中曾发现了一个重要的物理现象：当通电时，在灯丝和灯泡内的金属板之间有电流通过。他当时并没有意识到这一发现有什么重要价值，但还是记录在案，并申请了发明专利。十多年后，这种现象才得到了合理解释。原来，在通电时，灯丝一发热就有电子发射出来，它与金属板之间正好形成回路。我们把这种现象叫作爱迪生效应。利用这个效应，英国物理学家约翰·安布罗斯·弗莱明（John Ambrose Fleming，1864—1945）在20世纪初发明了电子二极管，另一次技术革命就是由电子管引起的。这是后话。

爱迪生发明的电灯照亮了夜晚，使人们看到了科学技术改变世界的力量。除了电灯，还有留声机、电影机等，这些都是改变人类历史进程的伟大发明。

1876年，爱迪生将一张锡纸包在圆筒上，做成一个滚筒，将一根

留声机

电影机

电灯

发明家爱迪生

小针浮在滚筒的表面，再把话筒后面的声波振动装置与小针固定相连，当人说话时转动圆筒，声波的振动通过小针在锡纸滚筒上划出一条刻痕，这条刻痕就将人的声音记录下来。下一次当小针沿着它移动时，声音就可以再现出来了。

这就是爱迪生发明的留声机。留声机是世界上第一台会说话的机器，它的轰动效应可想而知，爱迪生也因此而声名鹊起。很多人被留声机征服了，有了这种神奇美妙的东西，声音从此就可以保留下来。今天当然有更多的留住声音的方法，但在当时，这种留住声音的方法是人类历史上的第一种方法。直到 20 世纪 20—30 年代，一些富裕的家庭还把留声机作为一种时尚的奢侈品。

那一年，爱迪生 29 岁，之后，他才把目光转向了电灯。

再说说电影的发明。1824 年，英国医生罗吉特发现了视觉暂留现象，也就是说，当物体消失后，人的眼睛里的物象还能继续保留短暂的时间。根据这个原理，不连续的画面快速变动时，可以在人的眼睛里形成连续的景象，这就是爱迪生发明电影的理论基础。1889 年，爱迪生开始着手研制电影机。他研究了视觉暂留现象，考察了法国人制作的动画片，弄清楚了电影放映机的基本原理。5 年后，他制成了世界上第一台电影放映机，它可以将动画用电灯光投射到屏幕上。世界上第一部电影《火车进站》就是爱迪生的公司拍摄的。

人们常说，爱迪生是把电的福音传播到人间的天使，真是一点儿都不夸张。

许多人往往只看到了爱迪生成功时的幸福和他身上的光环，但却忽略了他一路走来的艰辛。他的失败远远多于成功。就那一次成功，却有可能改变世界的面貌。

"天才不过是百分之一的灵感，再加上百分之九十九的汗水。"这句话就是爱迪生说的，他说的绝对是肺腑之言。

在发电机的发明上，爱迪生没有成功，虽然他也花了很多心思，用了很多时间，但没有占得先机。失败的原因可能是他太执着于直流电，他甚至跟人说，交流电对人类有害。电灯用的是直流电，电灯的迅速推广带动了电网建设，他为此还专门配置了直流电站。

法拉第定律是制造交流发电机的理论基础，按那个线索去努力，才有可能水到渠成。而且，只有交流电才能使用变压器，才有利于长途输电。

在这一方面，乔治·威斯汀豪斯（George Westinghouse，1846—1914）和尼古拉·特斯拉（Nicola Tesla，1856—1943）赢得了交流发电机的发明权。特斯拉年轻时从匈牙利移民到美国，在爱迪生手下做事。他热衷于交流电，与执着于直流电的爱迪生观点不一致，于是就辞职了。

不久，威斯汀豪斯雇用了特斯拉。1882 年，特斯拉制成了世界上第一部交流发电机，很快就占领了市场。特斯拉拥有 700 项专利，除了交流发电机外，还有日光灯、变压器等重要发明。

1896 年，科学家将尼加拉气势壮观的瀑布的水能转化成了强大的电能，世界的电气化历程拉开了序幕，电磁学的故事刚刚开了个头。

六、麦克斯韦与无线电

在物理学发展史上，麦克斯韦是非常重要的人物。如果说法拉第是实验天才，那么麦克斯韦就是理论的高手。他善于推理，喜欢用数学的思维看世界。

麦克斯韦生于苏格兰爱丁堡的名门望族，自幼便显示出了数学才能。麦克斯韦先后在爱丁堡大学和剑桥大学学习数学和物理学。大学毕业后，先后任阿伯丁大学马里歇尔学院和剑桥大学的教授。他创办了剑桥大学卡文迪许实验室，并兼任实验室的主任，直到退休。正是在他的努力下，卡文迪许的手稿才得以出版，世人才知道，这位科学"怪人"取得了许多科学成就。

土星光环是我们非常熟悉的天文现象，从地球上看，土星光环很像一个圆盘，自古以来人们对其就有不少臆测和假说。1857 年，麦克斯韦提出了土星光环的颗粒构成理论。他说："如果土星光环真是一个固体或流体的结构，那么引力和离心力就会使它分崩离析，除非它是一条带状的小天体群，否则不会保持稳定。"事实证明，麦克斯韦的颗粒构成理论是正确的。

1855 年，麦克斯韦发表了论文《论法拉第的力线》，第一次试图将法拉第的力线概念赋予数学形式，从而初步建立了电与磁的数学关系。麦克斯韦的理论表明，电与磁不能孤立地存在，而是结合在一起，永不分离。该论文的发表使法拉第的力线概念不仅仅停留在直观的想象层面，更成为一种科学的理论。

1862 年，麦克斯韦从理论推导出发，得到了一个非常重要的结论：电场变化时，也会感应出磁场。这一结论从理论上解决了电与磁相依相从的辩证关系。麦克斯韦的结论与法拉第的电感定律相辅相成，我们今天所说的电磁互感指的就是这回事。

1865 年，麦克斯韦在英国皇家学会的刊物《哲学杂志》上发表了论文《电磁场的动力学理论》，我们今天熟悉的麦克斯韦方程就是文中的核心内容。而且，他提出了电磁波的概念。他认为，变化的电场必然产生磁场，反之亦然。变化着的电场和磁场共同构成了统一的电磁场，电磁场是以横波的形式在空间传播的。麦克斯韦从理论上推算出了电磁波的传播速度与光速十分接近。看来，光与电磁现象一定有一种内在的联系，他早先就预感到了，也不止一次地想过这一问题。

在建立了完整的电磁理论后，麦克斯韦进一步明确提出了光的电磁理论。他说："电磁波的速度与光速是如此的接近，我们有充分的理由相信，光本身是以波动的形式在电磁场中按电磁波规律传播的一种电磁运动。"

此后，他出版了《电磁场的动力学理论》，书中全面总结了一个世纪以来电磁学所取得的研究成果，是电磁学方面的百科全书，是集电磁理论之大成的经典著作。

麦克斯韦英年早逝，没有机会看到他所预言的电磁波的真面目。今天，电磁波已经成了信息时代最基本的物质载体。生活在信息时代的我们，在享受着电磁波带来的种种好处时，千万不能忘了麦克斯韦啊！

麦克斯韦是个理论大家，"光是一种电磁波"就是其通过数学运算得出来的结果。这使人们觉得他有些纸上谈兵，当年的很多人认为他的理论是天方夜谭，但麦克斯韦对自己的理论却充满了信心。100多年过去，"光是一种电磁波"已经成为常识。麦克斯韦方程可以说是无懈可击的。

七、电磁波的实验发现和应用

海因里希·鲁道夫·赫兹（Heinrich Rudolf Hertz, 1857—1894）是第一个在实验室里证明电磁波存在的人。赫兹的发现源于他的老师、柏林大学的物理学家和生理学家赫姆霍兹（H. Helmholtz, 1821—1894）所出的一个题目，他希望自己的学生用实验方法验证麦克斯韦的理论。

从那时起，赫兹就致力于这个课题的研究。通过系列实验，他证明了电磁波的存在，证明了电磁波具有与光完全类似的特性，电磁波的传播速度与光速有相同的量级。并且，电磁波也有反射、折射等现象，还对电磁波的性质，如波长和频率，做了定量测定。正是赫兹把麦克斯韦的电磁学数学关系改写成了今天的形式。

1887年，赫兹把他的论文《论在绝缘体中电过程引起的感应现象》寄给了他的老师赫姆霍兹，这一年，距当初老师给大家布置任务时已经9年时间了。紧接着，赫兹发表了论文《论电动效应的传播速度》。

赫兹的研究结果验证了麦克斯韦理论的正确，为人类利用无线电波奠定了基础。只是，赫兹也英年早逝，没能看到自己的研究成果转化为技术而结出的硕果。不久之后，意大利物理学家伽利尔摩·马可尼（Guglielmo Marconi，1874—1937）就把无线电波应用到了远距离通信方面，从而实现了人类古老的梦想。

到这时，物理学家们开始行动。他们对这一问题十分敏感，越来越清楚地意识到，电磁波用于无线电通信技术的时间窗口正在打开。

在科学和技术领域，谁都想成为第一个吃螃蟹的人。在这些众多的探险者中，意大利物理学家马可尼脱颖而出。1894 年，他制成了金属粉屑检波器，又在发射机和接收机上安装了天线和地线，使接收和发射的效率得到很大提高。

1895 年，他实现了 1 英里远的无线电通信。1896 年，距离增加到了 9 英里；1897 年，增加到了 12 英里；1898 年，增加到了 18 英里。到这时，他已经看到了无线电通信技术的灿烂前景，于是开始着手将自己的发明付诸商业化。

1900 年，马可尼申请并获得了英国政府的专利，专利号是 7777。这似乎是一个非常有寓意的号码。1901 年，无线电波就将大西洋两岸的加拿大和英国沟通了。越洋通信的成功预示着广播业的开始。

马可尼功成名就，1909 年的诺贝尔物理学奖是送给他的最好的礼物。

但当时俄国人说，无线电通信技术是波波夫（Popov，1859—1906）发明的。波波夫确实独立地发明了无线电通信。1895 年 5 月 7 日，波波夫在彼得堡物理化学学会上做了无线电通信的演示，俄国人的眼睛也为之一亮，俄国政府看到了这项技术的巨大潜力，开始支持这项技术付诸实施。

但在无线电通信的推广应用和发挥的影响力方面，马可尼似乎领先了一步。进入 20 世纪后，无线电技术才得到了迅速发展。1906 年，美国物理学家费森登（Fessenden, Reginald Aubrey, 1866—1932）发明无线电广播，无线电波开始进入千家万户。

八、力与场的内涵

牛顿相信，除了万有引力外，还有其他形式的力，在化学反应中，那些推动原子重新排列组合的力就是其中的一种。世界的多姿多彩更多的是靠那些力创造的。电磁学的发展已经证明了牛顿预言的正确。"场"的概念越来越重要，它还"顺带"解释了光的性质。

如果要对力与场做一个粗略的规范，我们首先就会想起世间万物，包括日、月、星辰，是万有引力把它们联系在了一起。一般物质除了受万有引力作用外，如果带电，则还受电磁力的作用。电荷的运动是产生电磁波的根本原因。物体受力后，按牛顿力学的规则进行数学处理。

牛顿力学的中心概念是力与质量，电磁学发展起来后，场（或力场）逐渐取代了力，成为物体运动的原因。

为了描述场，借用了数学工具向量与张量分析，对理解电磁理论来说，这是一种很重要的工具。通过数学推演，我们对场的性质有了更多了解，而且了解得还很详细。在理论王国里，诸如电磁波的运行、能量与动量的转化等，都有很完整的描述。

九、经典理论充满生机

今天，电磁学仍然是一门非常重要的课程，麦克斯韦的电磁理论是学物理的学生必须要掌握的。

电磁学的核心内容包括四个部分：库仑定律、安培定律、法拉第定律和麦克斯韦方程。我们对电磁学的了解也按这个顺序展开，这不是人为的规定，而是知识结构、逻辑要求和电磁学理论发展的必然。具体来说，主要是因为没有库仑定律和电荷的观念，安培定律中的电流就不容易说清楚；不理解法拉第的磁感生电，就很难掌握麦克斯韦的电磁互感。

电磁理论是古典理论之一。可以这么说，在物理学中，从纯粹理论的角度看，电磁理论与牛顿力学几乎可以平分秋色；从实际应用价值和经济发展的角度看，电磁学理论犹在牛顿力学之上。但我们不要忘了，没有牛顿力学的支撑，电磁学就成了无源之水、无本之木，我们就无法理解电磁学中的那些定律。因此，在普通物理学中，学生一定要先学好牛顿力学，再来学电磁学。这也是物理学教材的编写原则。

牛顿力学与电磁学属于经典理论，它们可以自圆其说，你很难在其中发现内在的矛盾。但是，到了20世纪量子理论发展起来以后，为了适应原子尺度的微观世界，物理学家对这两大经典理论进行了一定程度的修饰和改动，那就是，力学被修改为量子力学，电磁学被修改为量子电动力学。

但在原子以外，在宏观世界，这两大经典理论仍然非常精确，仍然是我们必须要学习的重要课程。

第九章

冷与热的感觉

冷与热是人类与生俱来的切身感觉。在冬天的夜晚，你会感到寒气袭人；在炎热的夏天，你会热得汗流浃背。

今天我们都知道，衡量物体冷与热的程度是温度的高低，但古代人并不知道这些，他们只会说"很冷"或"很热"之类最容易表达自己真实感受的话语。

在这一系列真实感觉的背后，却是严谨有序的科学阐释和理论模型，其中蕴含着新的思想。

一、热现象与温度计

相对于研究物体的运动来说，人类对冷与热的探索更加迟缓些，比如古代文献中很少有关于热的研究的记载。一个重要原因是当时缺乏热的计量工具，这种计量工具就是我们所说的温度计。事实上，测量出温度的高低，也就意味着知道了冷热程度。今天我们已经知道，测量温度的基本依据是物质的热胀冷缩，还要有一个约定的标度系统。我们已经习惯了将冷与热的变化用温度这一量化参数来表示。在每天的天气预报中，就有各地气温的报告，可见温度是我们生活中非常重要的物理参数。

对于温度计，我们都不会陌生，在生活中也常常会跟它打交道。多数家庭都会有温度计，它可以测量房间的温度，从而预知冷热的变化。很多家庭还有医用水银温度计，专门测量人体的温度，体温的高低也是身体是否健康的重要参数。

但你是否知道早期的温度计是怎样诞生的，又是怎样完善的？

18世纪以前，人们还不可能准确表示气温的微小变化。为了测定出如今普通温度计上的每一个刻度，科学家们花费了1000多年的时间。

公元2世纪，一个叫加莱的希腊医生建议，为了看病的需要，最好分四个等级来表示人体的冷热变化——不知道加莱关于冷热程度的四个等级是怎么界定的。那时候，显然还不可能测量温度，哪怕是最粗糙的测量，所以加莱所说的四个等级很可能有相应的参照物，或就凭他的手感。一个有经验的医生对人体冷热的感觉非常重要，很多时候还很准确。

1575 年，一个叫希罗的意大利学者写了一本书。书中描述了许多离奇的设备，其中就有一台仪器能够证明物体受热会膨胀。这意味着，离温度计的问世已经不远了。

最早的温度计是意大利著名的天文学家和物理学家伽利略发明的。1593 年，伽利略利用空气受热膨胀和遇冷收缩的性质制造了世界上第一支温度计——空气温度计。这种温度计比较原始，没有固定的刻度，所测温度也不够准确，但它是现代温度计的鼻祖。

后来，人们将一年中最冷和最热的时候作为两个固定点，制定了一个大致的计量系统。当科学家发现冰的熔点是一个常数后，开始以此作为固定点。1665 年，物理学家惠更斯提出，以化冰的温度或沸水的温度作为温度计的参考点，更是前进了一步。

1702 年，法国物理学家阿蒙顿（Amontons，1663—1705）改进了伽利略的空气温度计，测温物质仍然是空气，但整个装置完全密封，这意味着测温过程不受外部大气压的影响，经过这样的改进，测量结果相对准确。阿蒙顿把温度的固定点定为水的沸点。但水的沸点也随大气压力的变化而变化，阿蒙顿没有意识到这一点，因此，他选的固定点并不固定。

伽利略的学生在此基础上做了进一步改进，用酒精代替空气。如此一来，测量结果几乎不受外界大气压的影响。测温虽然更加准确，但酒精的沸点太低，应用范围有限。

1714 年，一个叫丹尼尔·加布里埃尔·华伦海特（Garbriel Daniel Fahrenheit，1686—1736）的荷兰仪表商用水银代替酒精，克服了酒精温度计的缺点。因为水银在 350℃才开始沸腾汽化，在-39℃才开始凝固，所以，水银温度计的测温范围大大扩展了。更重要的是，水银的热胀冷缩变化率比较稳定，所测温度也就比较精密。通常情况下，生活中使用的是酒精温度计和水银温度计，前者测空气温度，后者量人体温度。

不过，那时候各种温度计所取刻度的含义都不统一，人们根据自己的不同需要来制定刻度的标准。比如，英国科学家罗伯特·胡克把水的结冰温度作为起点，有些医生以正常血液的温度作为起点，法国天文学家以巴黎天文台地下室的温度作为起点，更有牛奶场的商人以牛奶的熔点作为起点，等等。真是五花八门，让人眼花缭乱，但众多的参照只是为了个人的方便。

这种情况一直持续到 1740 年，经过协商后，人们一致同意以水的冰点和沸点作为温度计标准刻度的依据。

华伦海特提出，把水在一个大气压下的冰点定为 32 ℉，沸点定为 212 ℉，中间分为 180 格，每格定为 1 ℉，这就是华氏温标。用华氏温度计量出的温度度数，常用"℉"表示，华氏温标很快被英国和荷兰采用。今天，许多讲英语的国家仍在使用华氏温度计。

1742 年，瑞典物理学家、天文学家和瑞典皇家科学院院士安德斯·摄尔修斯（Anders Celsius，1701—1744）提出了一种新的测温系统，他用水银做测温物质，把一个大气压下水的冰点定为 0℃，沸点定为 100℃，中间划分 100 格，每格定为 1℃，这就是我们今天熟悉的摄氏温标。气象台预报气温变化时采用的就是他制定的标准。用摄氏温度计量出的温度，常用"℃"来表示。

了解了华氏温标和摄氏温标，再来看看绝对温度。绝对温度是英国物理学家开尔文在 1848 年提出的，也叫开尔文温度，简称开氏温度，用"T"表示，度数后面用符号"K"表示。例如，用摄氏温标表示的水的冰点是 0℃，用绝对温度表示则是 T=273K。使用绝对温度的最大好处，就是它可以使热力学中的很多公式变换起来更简单，计算起来更方便。

直到 19 世纪，温度计的问题才得以彻底解决。法国科学家查尔士（Jacques Charles，1746—1823）和约瑟夫·路易·盖-吕萨克（Joseph Louis Gay-Lussac，1778—1850）发现，在不太大的固定气压下，各种稳定的气体之温度每升高 1℃，其体积增加值约为它在 0℃时体积的 1/273。这就是查尔士定律。

也就是说，无论哪种气体，只要气压不太大并且恒定，那么它们随温度的上升而膨胀的情况就基本一样。因为随温度上升，气体的膨胀是很均匀的，所以，今天各国的标准局都用精密的气体温度计作为校正其他温度计的基准。

　　受此启发，开尔文认为，如果把摄氏温度加上 273，则气体体积就会与温度成正比。这样一来，把水在常压下的冰点（摄氏温度）加上 273，变成开氏温度，气体温度计的温标就确定下来了。这就是科学上的开氏温标。三种温标的关系如图所示。

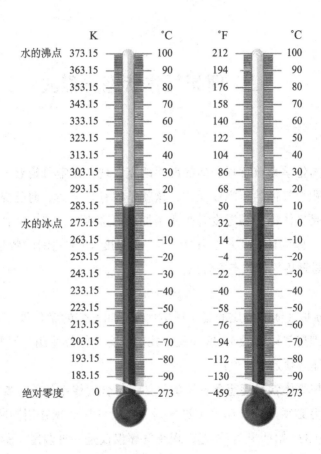

	K		°C		°F		°C
水的沸点	373.15		100		212		100
	363.15		90		194		90
	353.15		80		176		80
	343.15		70		158		70
	333.15		60		140		60
	323.15		50		122		50
	313.15		40		104		40
	303.15		30		86		30
	293.15		20		68		20
	283.15		10		50		10
水的冰点	273.15		0		32		0
	263.15		-10		14		-10
	253.15		-20		-4		-20
	243.15		-30		-22		-30
	233.15		-40		-40		-40
	223.15		-50		-58		-50
	213.15		-60		-76		-60
	203.15		-70		-94		-70
	193.15		-80		-112		-80
	183.15		-90		-130		-90
绝对零度	0		-273		-459		-273

　　在当时的条件下，测到 -100℃ 都很困难。如果你把查尔士定律再做一个推广，不是升高温度，而是降低温度，一直降到 -273℃，即开氏温度 0K 时，气体体积就会为 0，若再继续降温，气体体积就是负值了。可以肯定地说，这是不可能的事情。所以，开氏零度就是低温的极限了。我们现在才知道，为什么把开氏温标叫作绝对温

标了。

在极低的温度时，查尔士定律是不起作用的，那时候所有气体都变成了液体甚至固体。绝对零度的确是不可能达到的低温极限。因此，热力学中有一句话，"不可能用有限的手段达到绝对零度"，这实际上就是热力学第三定律的一种表述形式。

二、理想气体状态方程式

英国化学家玻意耳和他的助手胡克发现，在定量定温下，理想气体的体积与气体的压强成反比，这就是玻意耳定律。前已提及，查尔士定律是气体体积随温度升高而增加，把这两个定律一综合，我们就得到了气体的体积（V）、压力（p）和温度（T）之间的数学关系式，以下就是理想气体状态方程式：

$$pV = nRT$$

式中，n 是气体的物质的量（通俗地说，叫气体的摩尔数），R 是比例常数（理想气体常数），这一关系式对所有气体都适用，但严格来说，这种气体必须是理想气体。

理想气体就是理想条件下的气体，符合理想条件的主要物理参数是，压力必须是标准压力（过去是一个大气压，现在用国际单位制，就是 101 325 帕斯卡）。不过，理想气体仅仅是一种假想，所有的气体都是实际气体。对实际气体，只有在低压和高温时，这一关系式才适用；反之，就必须进行适当校正。

三、热 的 本 质

一个热的物体和一个冷的物体靠在一起时，热的物体会变冷，而冷的物体会变热。表面看来，好像热会流动，而且，在流动的过程中并没有其他变化发生，如质量就没有改变。

英国化学家约瑟夫·布莱克（Joseph Black，1728—1799）提出了热素的概念。他认为，热素是一种没有质量的元素。这就是他的热素说（也称热质说）。热素多的物体温度高，热素少的物体温度低。热素间相互排斥，这就完美地解释了为什么当热的物体和冷的物体靠在一起时，热的物体会变冷，而冷的物体会变热。"化学之父"拉瓦锡（Antoine-Laurent de Lavoisier，1743—1794）也信奉此说。

热素模型似乎可以自圆其说，因此，一时间很有市场。一直到今天，某些概念和名词还有人在用。当然，也有不同的声音，弗朗西斯·培根就不相信有热素，他认为，热是物体分子的一种杂乱无章的运动。他似乎触及了事物的本质，但在当时，分子运动论的思想还没有系统提出，顶多是刚刚萌芽。我们知道，阿莫迪欧·阿伏伽德罗（Amedeo Avogadro，1776—1856）的分子学说提出之后还被冷落了很多年。

弗朗西斯·培根的思想很难被人理解，不像热素说形象生动，通俗易懂，能解释很多现象。一直到 19 世纪，热素说还比较流行。

早在 1644 年，笛卡儿就提出了运动不灭原理。他根据机械运动中碰撞的动量不变这一事实，提出了宇宙运动的总量是守恒的。这是非常重要和富有创见性的思想。可惜的是，笛卡儿既没有给出科学的证明，又没有涉及物质运动形式的转化。他的这一重要思想仅仅是一种源于直觉的极富天才的猜测。

18世纪中叶，俄国物理学家、化学家米哈伊尔·瓦西里耶维奇·罗蒙诺索夫（Михаил Васильевич Ломоносов，1711—1765）发表了一篇论文——《关于冷和热原因的探讨》，文中说热是运动的表现，从而肯定了笛卡儿关于"宇宙运动的总量是守恒的"这一思想，但由于当时热素说比较流行，罗蒙诺索夫的这篇论文没有引起重视。

到了18世纪末，美国科学家伦福德（Rumford，1754—1814）研究了摩擦生热并提出了热是分子的一种运动后，热素说越来越受到人们的质疑。

1798年，伦福德用一个钝钻摩擦炮筒内壁，这个实验不存在高温物体与低温物体接触的情况。在摩擦的过程中，并没有损失什么，仅仅是摩擦产生的热量就可以使水沸腾。伦福德据此提出，热只能是物质的一种运动。他说："热不可能是一种物质的实体，它只可能是运动的一种形式。"

英国化学家戴维知道了伦福德的研究后，也设计了一个实验来证明"热是物质运动"的学说。他的实验设计也不复杂，让两块冰在绝热的装置中相互摩擦，结果，冰很快就融化成了水。这个实验和伦福德的实验有异曲同工之妙。

做这个实验时，戴维只有21岁，那一年是1799年。只是他和伦福德都没有找出热量和机械功之间的数量关系。因此，人们只是觉得他们的实验结果冲击了热素说的思想，但没有动摇其根基。

第十章
宇宙的能量

宇宙之所以生生不息，根本原因在于能量的推动。能量不仅仅是一个概念，更是物质由内向外迸发出的一种驱动力。

我们，包括我们创造的这个世界，都是宇宙的一部分。生命过程在本质上也属于此范畴，维持生命继续存在下去的主要能源就是碳水化合物和蛋白质。不过在本章，我们的关注却在生命现象之外。

在热学的早期发展中，与温度的测量同等重要的是热量的测量。大约在 1757 年，布莱克就提出将热和温度分别称作热的分量和热的强度，并把物质在相同温度时的热量变化叫作对热的亲和性。在这个概念的基础上，出现了热容量和比热等概念，这两个概念奠定了热平衡理论的基础。

一、蒸汽机的问世

公元 1 世纪，古希腊数学家希罗（Hero of Alexandria，10—70）发明了汽转球，这是世界上第一台蒸汽机。1679 年，法国物理学家丹尼斯·巴本（Denis Papen）在观察蒸汽逃离高压锅后，制作了第一台蒸汽机的工作模型。1698 年物理学家托马斯·萨维利（Thomas Savery，1765—1815），1712 年英国工程师托马斯·纽科门（Thomas Newcomen，1663—1729）制造了早期的工业蒸汽机。

詹姆斯·瓦特（James Watt，1736—1819）并不是现代意义上的蒸汽机的发明者，在纽科门蒸汽机诞生的时候，瓦特还没有出生。但纽科门蒸汽机耗煤量大、效率低，瓦特从理论的高度和实践中发现了这种蒸汽机的诸多缺陷。1765—1790 年，他进行了一系列发明和革新，如分离式冷凝器、在汽缸外设置绝热层、用油润滑活塞、行星式齿轮、平行运动连杆机构、离心式调速器、节气阀、压力计等，使蒸汽机的效率提高到原来纽科门蒸汽机的 3 倍多，最终发明了现代意义上的蒸汽机。

在前人工作的基础上，瓦特改良了蒸汽机的装置，发明了曲柄连杆，这时，蒸汽机带动轮子转动就变成了现实。1807 年，罗伯特·富尔顿（Robert Fulton，1765—1815）第一个成功地用蒸汽机来驱动轮船。

在做了多次实验后，瓦特发现，一匹强壮的马在一分钟内能把 150 磅①的重物升高 220 英尺。如果一台发动机能在同样时间里做到同样的事情，那它的做功能力就是一马力。这就是人们对功率的定义。

这看起来有些奇怪，蒸汽转化为动力，并在工业上普及，必然会使马的作用减少，为什么功率计量单位还要用"马力"呢？其实，把新的量建立在原有量的基础上，是为了大家容易理解和方便接受。现在，我们使用的许多计量单位更加精密、确切，远不是瓦特时代的工程师和科学家所能理解的。比如，力学中的"达因"和"牛顿"，热学中的"卡"和"焦耳"，电学中的"伏特"和"安培"，等等，这些新名词的出现源于学科发展的需要。

瓦特是英国著名的发明家，是第一次工业革命时期的重要人物。1776 年，他制造了第一台有实用价值的蒸汽机，之后经过一系列重大改进，使之成为"万能的原动机"，在工业上得到广泛应用。瓦特开辟了人类利用能源的新时代，这一事件标志着第一次工业革命的开始。我们今天把功率的单位定为"瓦特"，就是为了纪念这位伟大的发明家。

早期的蒸汽牵引机虽然笨重、难看，但这种"奇怪"的东西确实好用。

在瓦特之后的 100 年间，蒸汽动力迅速改变了西方世界的生产状况和生活面貌。在煤田附近，由于有丰富、廉价的蒸汽机燃料，工业化和城市化的进程加快，曾经的宁静乡村变成了街道拥挤的城市，曾经的祥和白云被滚滚浓烟取代，曾经的马蹄声被蒸汽机车的轰鸣声淹没。这些变化充分体现出科学和技术在造福人类社会的同时，也会带来严重的负面作用。

---

① 1磅=453.592 37克。

二、卡诺的理想热机

19 世纪初，蒸汽机已得到广泛应用，但效率很低，因为那时科学家对热机将热转变成机械运动的基础理论研究还很滞后。工程师无法找到提高热机效率的根本途径。瓦特的蒸汽机主要是凭经验摸索出来的。

在当时的生产领域，所面临的最紧迫的问题是如何提高蒸汽机的热效率，因为当时所有的热机效率都非常低，大量的热能被白白浪费掉了。这就是法国工程师尼古拉·莱昂纳尔·萨迪·卡诺（Nicolas Léonard Sadi Carnot, 1796—1832）研究的时代背景。卡诺想知道，理论上热机究竟能有多大的效率。

卡诺设计了一台理想热机，它是由一个高温热源和低温热源组成的理想循环的热机。卡诺认为，所有的热机能做功是因为热由高温热源流向了低温热源。卡诺证明，在所有热机中，理想热机的热效率是最高的，而且，理想热机的热效率与高温、低温热源的温度差成正比，而与循环过程中的温度变化没有关系。

1824 年，卡诺出版了《关于火的动力的考察》，书中提出了"卡诺循环"理论，明确了热效率的界限，第一次从理论上说明了热机运行过程，奠定了热力学的理论基础。

卡诺的理想热机是一个依逆卡诺循环运作的虚拟引擎，其基本架构是卡诺在 1824 年建立的。在理想模型面前，科学家总是能发现真实机械的缺陷，这也为改进今后的工作提供了一种思路。

卡诺认为，在热机工作过程中，本质是热机必须在两个热源之间工作，一个是高温热源（供给热量），另一个是低温热源（吸收热量），只有这样才能将高温热源的热量不断转化为有用的机械功。

卡诺得出的结论无可非议，但他得出此结论的理论依据是不妥当的——他是"热素说"的信奉者。他认为，热机在两个热源之间做功，就相当于水从高处落下做功一样。基于此，他还形象地把热的动力来源比作瀑布的动力来源。瀑布的动力来源就是它的高度和水量大小两个因素，依此对比，热的动力来源就是两个热源之间的温差和热素的多少了。猛然一看，这还真有些道理。但若深入分析，一系列的弊端就显现出来了。因为热的本质不是热素，而是运动的形式，或者说，"热素说"是靠不住的。

从 1830 年开始，卡诺已经意识到了"热素说"的错误，开始转向热的唯动说。他在一份手稿中写道："人们可以由此提出一个普遍的命题：动力或能量是自然界一个不变的量，它既不能产生，又不能消失。"

从中可以看出，卡诺实际上已经发现了能量守恒定律。不幸的是，两年后，他染上了霍乱，不幸离世。当时几乎没有人意识到卡诺手稿的重要价值。又过去了 40 多年，卡诺的弟弟才想起把他的手稿整理出版，只是那时，能量守恒定律早已由别人发现。

英国物理学家焦耳经过近 10 年的艰苦实验，终于提出了著名的热功当量，即 722 磅物体下降 1 英尺所产生的能量，相当于使 1 磅水自 55 ℉升高至 56 ℉所吸收的热量（这个数值比今天的值约小 1%）。

三、能量守恒定律的发现

卡诺没能躲过 1832 年的那次霍乱侵袭，与能量守恒定律失之交臂。十几年后，这一定律在迈尔（Julius Robert Mayer，1814—1878）、焦耳等科学家的努力下问世。

其实，能量守恒定律就是热力学第一定律，或者说，热力学第一定律是能量守恒定律在热力学上的具体体现，是构建热力学框架的重要基石。其内在含义是，自然界一切物质都具有能量，能量有各种不同的表现形式，能够从一种形式转化为另一种形式，从一个物体传递给另一个物体，而在转化和传递的过程中，各种形式能量的总量保持不变。

1. 迈尔：能量可以相互转化

德国医生迈尔第一次在论文中提出了能量守恒与转化的思想。事情还要从 1840 年说起，那年 1 月，迈尔作为随船医生远航东印度，到过爪哇等地。这次旅行使迈尔认识到，在热带地区，人的机体只需要吸收较少的热。机体中食物的氧化过程减弱，静脉血液中就留下了较多的氧，这就解释了海员在热带地区时的血液比在欧洲时要红一些的原因。

迈尔认为，人体就是一个热系统，体力和体热都来源于食物中所含的化学能，热的一部分变为体温，其他部分转化为筋肉的机械运动。这也意味着，能量是可以相互转化的。

一年后，迈尔回到了德国，并且写了一篇论文《论热的量和质的测定》，文中提出了运动是热的根源，或者说热是运动的结果。他把论文投到了德国的权威刊物《物理学和化学年鉴》，结果石沉大海。

1842 年，迈尔把一块与水温相同的金属从高处落入水中，结果水温升高，他又长时间摇动水槽，水温也升高。这至少能定性地说明，运动产生热，热使水温升高。后来，迈尔又进行了定量测定和计算，得到了热功当量的值（1 卡 = 0.365 千克·米，相当于 3.58 焦耳），这个值距离真实值（1 卡 = 4.1868 焦耳）不算太远。他把自己的研究论文《论无机界的力》投稿到了德国的《化学与药物学》杂志，论文发表后，得到的不是赞扬，而是嘲笑和攻击。嘲笑他的人说，迈尔的实验结果很荒唐。在当时的权威看来，迈尔的科学思想根本没有价值。

迈尔的事业不顺，人生也不顺。其间，他的两个孩子相继夭折，弟弟因参加革命活动而被捕，迈尔的精神受到了巨大刺激。他曾自杀未遂，但留下了严重后遗症。直到晚年，他的工作才得以被认可。1871 年，英国皇家学会授予迈尔科普利奖章。36 年后，编辑部才发表了他的论文。

2. 焦耳：证明能量是守恒的

就在迈尔苦苦挣扎的那些年，英国物理学家焦耳也在研究能量的转化问题，他通过大量的实验证明了能量守恒原理。

1840 年，焦耳发表了论文《论伏打电池所产生的热》，在论文中指出，当电流沿金属导线流动时，单位时间内所产生的热同导体的电阻和电流强度的平方成正比，这就是著名的焦耳定律。1842 年，楞次（Heinrich Friedrich Emil Lenz，1804—1865）也独立地发现了这一定律，所以，我们把这一定律叫作焦耳-楞次定律。

1843 年，焦耳做了另外一个实验，他用手摇发电机发电，将电流通入线圈，将线圈浸入水中以测量所产生的热量。焦耳在实验中发现，所产生的热量与电流的平方成正比。实验直观地表明了机械能是如何转变成电能，电能又是如何转变成热能的。

1845 年，焦耳设计了气体膨胀实验。1847 年，他又设计了在一个绝热容器中用叶轮搅动水的实验。通过这些实验，焦耳计算出了热功当量值，他的结果（从 1 卡 = 4.6 焦耳到 1 卡 = 4.157 焦耳）越来越接近热功当量的真实值（1 卡 = 4.1868 焦耳）。焦耳认为，热功当量的测定是对热的唯动说的有力支持，也是能量不灭原理的重要证据。

焦耳的父亲是啤酒酿造商，父亲 1833 年退休后，焦耳继续经营家族的啤酒厂。那时候他才 15 岁，尚未成人，心思都用在科学研究上。或许就因为焦耳是个业余的科学研究者和实验爱好者，英国皇家学会才拒绝发表他的研究论文，许多权威对焦耳也抱有一种不信任和轻慢的态度。正是由于这些因素，这一具有划时代意义的工作没有引起人们的注意。焦耳感到很郁闷。

1847 年，在英国科学促进会的年会上，焦耳希望报告他正在做的热功当量的实验，大会主席只允许他做简短的口头描述。焦耳抓住这一千载难逢的机会，尽可能完整地描述了他的实验过程和结果，报告结束后，很多人对他的描述不置可否。参加过学术会议的人都知道，出现这种情况，是让人很尴尬的。更重要的是，焦耳的工作有可能得不到别人的关注和认可。

就在这时，听众席上有一个年轻人站起来，对焦耳的报告进行了高度评价。这个年轻人口才极佳，讲话时思维敏捷，论述清楚，给人一种拨云见日的感觉。正是他的评价引起了与会者对焦耳报告的注意和兴趣。

这个年轻人就是威廉·汤姆逊，也就是我们常说的开尔文勋爵，他当时只有 23 岁，后来成为英国著名的物理学家。前文在温度的测量方面提到过他的工作。

1847 年，德国物理学家赫姆霍茨发表了论文《论力的守恒》，研究了能量守恒原理。他用数学方法描述了孤立体系中机械能的守恒，进一步把能量的概念推广到热学、电磁学、天文学和生命科学领域。赫姆霍茨说，能量的各种形式是可以相互转化的，在转化的过程中总能量是守恒的。他的论文严密、系统且有说服力，也让我们明白永动机是不可能制造出来的。

3. 能量守恒对我们或许是一种安慰

在整个宇宙，能量是守恒的。能量守恒定律是在五个国家由各种不同职业的十余位科学家从不同侧面各自独立发现的。其中，卡诺、迈尔、焦耳、赫姆霍茨等的贡献最大。其中一个叫威廉·罗伯特·格罗夫（William Robert Grove，1811—1896）的英国律师，在这一领域也做出过重要贡献。

格罗夫在伏打电池的基础上发明了一种电压比较高的电池，我们称之为格罗夫电池。他系统总结、整理了当时物理学的研究成果，提出了能量守恒的思想。在一次演讲中，格罗夫说所有的力（当时的力主要指的是能量，特别是在德语中，力向来在能量的意义上被使用），包括机械、热、光、电、磁，甚至化学力，在一定条件下都可以相互转化，而不会有任何损耗。他的演讲内容后来以论文的形式发表，题目是"论物理力的相互关系"。

能量守恒定律生动地证明了自然界各种物质运动形式不仅具有多样性，而且具有统一性，也揭示了自然科学之间的普遍联系。这一原理主要借助热功当量的测定而得以确立，因此我们常把它叫作热力学第一定律。

今天我们知道，在我们所利用的所有能源中，只有核能与太阳无关，其他所有的能源都直接或间接地来源于太阳。

煤和石油是远古时代的生物化石，人体本身就是一架会运动、会说话、会思维的机器，人体运动所需的能量来自食物（动、植物）。

所有动物的最终食物是植物（提供能量），所有植物都要通过光合作用吸收太阳能，再储存在它们体内。

四、宇宙真的会"热寂"吗

卡诺为热力学第二定律的发现奠定了一定基础，或者说，他推开了那一扇大门，但还没来得及进去看看，就离开了人世。热力学第二定律的发现要归功于开尔文和克劳修斯。

1. 神童开尔文

开尔文就是我们前面提到过的威廉·汤姆逊，他提出了绝对温标。因在科学上的巨大贡献，他被授予开尔文勋爵，一代代地叫下来，后人便更多地只知开尔文而不知威廉·汤姆逊了。

开尔文确实是个神童，11 岁时就考入格拉斯哥大学学习数学，并发表了他的第一篇论文。22 岁时开尔文成为剑桥大学的教授。著名的大西洋海底电缆就是由他负责设计铺设的。这是一件轰动世界的大事，当时的报纸都做了大量报道。但这仅仅是他杰出工作的一部分。

开尔文早先研究过地球的年龄问题。他假定地球最初是从太阳中分离出来的，开始的温度完全一样，只是后来慢慢冷却，直到变成现在这个样子。他据此估算，要达到现在这样的温度可能需要数百万年。他还认为太阳的能量主要来自引力收缩，因此，太阳照耀地球的时间也不会超过几亿年。开尔文的估算当然太离谱，但那时候还没有更好的理论可资借鉴。

实际上，地球在自然冷却的过程中内部的热量不断地释放。开尔文不知道，地壳运动和引力收缩都是能量的重要来源，这比单纯的自然冷却要复杂得多。开尔文更没有意识到，太阳的能量主要不是来自引力收缩，而是来自核聚变反应。这是影响太阳寿命和地球寿命的更加重要的因素。

2. 时间箭头的指向

开尔文的上述研究涉及能量耗散问题，而这一问题与时间的箭头方向有关。我们知道，在牛顿物理学的框架内，这个问题是无法解决的。因为牛顿运动方程针对的是一些可逆过程，对牛顿力学而言，时间倒流是完全可能的。

但实际上，在我们的生活中，在这个真实的物理世界，谁也没有看见过时间的倒流现象。谁看见过衰败的花儿又变得越来越鲜艳？谁跟着时间回到了自己的童年？谁看见过破碎的花瓶又从地上站起来复原如初？谁看见过泼出去的水又聚拢到了盆子里，而且还是那么清澈？没有！我们能记住已经发生了的事情，却不可能与时间携手倒流。

成语"覆水难收"说的就是这回事。如果无限制地深挖下去，想千方百计地提炼出科学内涵的话，你还可以从这个成语里找出一些热力学第二定律的思想和影子。

回到热力学第二定律。总之，几乎所有的过程都是不可逆的，或者说，过程的完成都有时间指向。不可逆是绝对的，也是牛顿力学所不能把握的。

卡诺在研究理想热机做功的过程中，曾得出这样一个结论：理想热机是所有实际热机中热效率最大的，而且这个热效率是不可能达到的。因为热从高温流向低温是一个必然的过程，但由于热机设计的不理想，不可能完全将这个过程利用起来做功。

卡诺的结论实际上已经包含了热力学第二定律的基本思想，即热总是不可避免地要从高温热源流向低温热源，虽然总能量没有丧失，但它越来越丧失了做功的能力。

开尔文从卡诺的结论出发，于 1851 年提出了热力学第二定律。他说，不可能用无生命的机器把物质的任何一部分冷到比周围最低的温度还低，从而获得机械功。这就是热力学第二定律的"开尔文表述"。

这个表述后来被改造成了"不可能从单一热源吸取热量，使之完全变为有用功而不产生其他影响"。这一定律告诉我们，一切永动机都是不存在的，也是不可能制造出来的。

3. 克劳修斯：孤立体系的熵总是在增加

在热力学第一定律的基础上，德国物理学家、数学家、热力学的主要奠基人之一鲁道夫·尤利乌斯·埃马努埃尔·克劳修斯（Rudolf Julius Emanuel Clausius, 1822—1888）在检索了卡诺的工作后提出，卡诺的热机必须工作于两个热源之间的结论具有原则性的意义。

克劳修斯提出了热力学第二定律的不同表达：热不可能独自地、不付任何代价地，或者说没有补偿地从较冷的物体传向较热的物体。在一个孤立体系内，热总是从高温物体传到低温物体，或者说，热量不可能自动地从较冷的物体转移到较热的物体，为了实现这一过程就必须消耗功。

1850 年，克劳修斯发表了论文《论热的动力与由此可以得出的热学理论的普遍规律》，文中对卡诺的理想热机理论做了适当修正和发展，在此基础上，提出了著名的克劳修斯等式：热机从高温热源吸收的热量与该热源的温度之比，等于向低温热源所放出的热量与该热源的温度之比。由该等式可以直接推出理想热机的热效率与两个热源的温度差成正比的结论。

尽管克劳修斯和开尔文对热力学第二定律的表述形式不同，但其本质是一样的，那就是热机在工作过程中不可能把从高温热源吸收的热量全部转化为有用的功，总要把一部分热传递给低温热源，这就是理想热机的效率不可能达到100%的原因。

1865年，克劳修斯发现，在一个孤立系统（体系与环境之间既没有物质交换也没有能量交换的体系）中，它的热含量与其绝对温度的比值总是会增大，在理想状态下它将保持不变，但它在任何情况下都不会减少。克劳修斯将这一概念叫作熵，从上面的表述中，我们不难发现，熵就是孤立体系的热温商。我们也可以形象地把体系的熵理解为体系的无序程度。其无序程度越大，熵越大，反之越小。

克劳修斯把熵的概念引入热力学中的目的是说明热力学第二定律，按照克劳修斯的说法，孤立体系的熵总是在增加，所以，热力学第二定律又被称为熵增加原理。

到此为止，我们对热力学的两个定律也可以做如下简单理解：热力学第一定律是，宇宙的总能量是守恒不变的；热力学第二定律是，宇宙的熵趋向于达到一个最大值。按照这个思路推下去，就不可避免地得出一个结论，那就是宇宙热寂说。

前提是，宇宙本身就是个孤立体系（似乎没错）。因此，宇宙的熵最终会达到一个最大值，那时候，宇宙的能量转化为有用功的可能性越来越小，宇宙中热量分布的不平衡逐步消失。最终的宇宙就处于热平衡状态，失去了继续变化的动力，不再有任何能量形式的变化，处于一种寂静的状态，其实就是一种生命的终结。这就是宇宙热寂说的全部内涵。

4. 我们必须珍惜身边的一切

宇宙热寂说是热力学第二定律的宇宙学推论，100多年来，这一推论引起了科学界和哲学界无数次的争论。由于涉及宇宙未来、人类命运等重大敏感问题，因而它所波及和影响的范围已经远远超出了科学界和哲学界本身，成了近代人类历史上一桩让人头疼的文化疑案。

克劳修斯知道的太多，他所拥有的知识让他有些"杞人忧天"，但你确实看不出克劳修斯有什么不对的地方。至少在我们有限的世界，在我们的理论框架内，在我们的认识视野之内，熵增加原理正在有条不紊地实践着它的诺言。

在整个宇宙中，如果说地球这样的行星不是绝无仅有的，也是极其罕见的。宇宙看起来无限大，但出现山花烂漫、万紫千红的可能性却无限小，那必须是无限多偶然性因素正好凑到了一起才会出现的现象。我们有可能是宇宙中最有智慧的生命，而且还是屈指可数的生命。

我们不仅要珍惜自己，更要珍惜地球。我们无力改变时间的箭头指向，但我们可以在某一个局部环境使动态的生命维持更长的时间，我们有义务、有责任也有能力维护地球的生态平衡。不管人类社会怎么发展，这一定是我们伟大的历史使命。这也是热力学第二定律给社会大众的根本启示。

从这个角度看，能源危机其实就是熵危机，因为当熵越来越多时，可用于做功的能量就越来越少了。

到这时，你就理解熵是不可逆的根源了。在自然界中，自发过程就是一个不可逆的单向运动过程。诸如水向低处流淌，热向冷处扩散，水乳混合后不会自动分开等，都是不可逆过程的典型例子。

"可逆过程"只存在于理想中，或在梦境中。"破镜不能重圆""死灰不会复燃""青春一去不复返"就是现实。究其实质，都是熵增加惹的祸。

一个不受外力干扰的系统，久而久之就会达到一种平衡。那时候，系统的熵值达到最大极限，所有的能量都已耗尽。从宇宙热寂说的英文单词 Heat Death of the Universe 或许就可知克劳修斯有多么悲观了。

五、不必"杞人忧天"

热力学第一定律和热力学第二定律不仅揭示了已知世界，在某种程度上还预言了未来的变化。我们没有理由为力所不能及的事情担心，没有必要杞人忧天，但这并不意味着我们可以为所欲为。

1. 不要指望与宇宙共存共亡

我们生活在一个由无限多偶然性因素叠加在一起而成就的必然世界中。宇宙诞生是一个奇迹，恒星演化是一个奇迹，绿色地球的问世更是一个奇迹，哪怕是一个生命的诞生也同样是一个奇迹。

同时，我们有责任担当智慧生命才能担当的一切。我们学习热力学理论的重要意义就是，世界的和谐与科学发展一定是由生命创造的，有序必然带来和谐，和谐就会有可持续发展。

我们必须深刻地意识到，能源和资源的浪费必然造成熵的肆意增加，最后的结果就是再也不可能有可利用的能量，人类也就失去了创造的力量。因此，致力于生态平衡建设是人类崇高的历史使命。

克劳修斯的宇宙热寂说带有宿命论的色彩。但热力学第二定律是一个科学定律，是不能违背的。因此，才会有那么多的人"杞人忧天"。

自古以来，就有很多人对克劳修斯的"宇宙热寂说"表示怀疑。他们认为，这一定律也不能"放之四海而皆准"，至少在宇宙那样大尺度的空间里未必会起作用。似乎也没有有力的证据证明热力学第二定律不能适用于整个宇宙。学术界的争论由来已久，甚至争论的余波至今未息。

热力学第二定律所揭示的宇宙图景非常黯淡，换句话说，未来不可能充满希望，明天的阳光不可能更加灿烂。有意思的是，进化论的思想却让人振奋。按照达尔文的说法，生物总是沿着从简单到复杂、从低级到高级的方向进化。猛然一看，它们的发生方向似乎相反。这个问题真是值得人们深思。

不过，不要忘了，在这里，在这个问题上，它们所触及的时空尺度是不一样的。前者是巨大尺度的空间和非常遥远的时间，而进化论所及的时间和空间就非常有限了，仅限于地球表面上的那点儿事，而且还是自寒武纪以来发生的那些事情。

离开了时空这个前提，事情发生的方向就有可能截然相反。这一点儿都不奇怪。局部的、暂时的、相对的有序并不意味着时间的箭头指向会发生逆转。

人类的视野是有限的，一般人根本不可能展眼望到时间的尽头，也不可能凭空想象出空间的极限。生活中的绝大多数人都是站在自己的洼地瞭望世界。"坐井观天"这一成语影射的就是此类人。

我们在生活中也常常会产生这样的感觉，比如，你会突然发现，一株植物被鲜花点缀，比前一段时间显得鲜嫩美丽了许多。或者，某一天早晨醒来，你会发现一座城市突然间焕发出靓丽的色彩，而且，表面看起来还那么有序与和谐。你是否想过为此付出的能量代价有多少？你必须学会思考，局部的有序并不意味着总熵会减少。

2. 能量快要耗尽，你却无知无觉

能量快要耗尽，你却无知无觉，或者根本视而不见。能源危机和资源匮乏就是对这些人和这种思想的惩罚。

平衡是暂时的和相对的，不平衡才是长期的和绝对的，它们之间是一个动态的过程，它们的运行结果是不以人的意志为转移的。这是化学反应的规律，是生命进化的规律，也是宇宙演化的大方向。

在热力学第一定律和热力学第二定律之后，科学家们又发现了热力学第三定律，这时已经到了 20 世纪。热力学第三定律说，当温度趋向于绝对零度时，体系的熵值也趋向于一个固定值，而与其他性质（如压力等）无关。实际上，那是不可能做到的。热力学第三定律又有另外一种表述：不可能用有限的手段使物体的温度降到绝对零度。

绝对零度和光速成为物理学中的两个极限，它们似乎揭示了人类创造能力的大小。有些地方是你永远都去不了的，有些能量会突然消失，所以，永动机只会停留在人们的幻想中。

六、用理性来还原真实

卡诺的理想热机是想象的产物，克劳修斯的理想气体模型同样不是真的。所以说，它们都不能通过观测验证。但它们是科学思维的成果，体现了严谨有序，接近了完美的边际。在科学发展史上，这两种学说都发挥了不可磨灭的作用。

柏拉图曾说，"以理性来还原真实"，真是一点儿不错。这种思维方式在研究中是非常重要的，特别是在微观世界。

但是，观测仍然是科学的基础。玄想可以无边无际，可以天马行空，但如果过不了观测这一关，就有可能被判出局。学术界的任何理论都不一定是永恒的真理。一种学说，如果在实验的检验面前出了问题，就面临两种结局：要么被放弃，像科学史上的热素说或热质说；要么被修正，像牛顿力学等。

我们有一句话常挂在嘴边："实践是检验真理的唯一标准。"只有不断地检验和改进，才能取得长足和可持续的发展。不仅自然科学是这样，社会科学也是这样。

七、永动机：幻想还是谎言

自古以来，永动机一直是人类的一种梦想。在烈日炎炎的盛夏，在田野耕作的农民既想躺在树荫下纳凉，又希望有一头牛把他的农活井井有条地完成，最好它还不吃草。这大概就是幻想中永动机的最早雏形。这种梦想存在了至少几千年。在热力学第一定律和热力学第二定律发现之后，科学家就从理论上否定了永动机的可能性。

近代永动机的设计思想已经远离了纯粹的幻想，它并不是试图保持永恒的运动，而是期望在没有外界能源或只有单一热源的情况下，连续不断地得到有用功。历史上，很多具有杰出创造才能的科学家为这一梦想辛勤耕耘过。最终结果却是"一江春水向东流"，所有的努力都打了水漂。

历史的永动机重叠着童话，激励着梦想，磨炼着人类穿越时空的翅膀。但它却是一个真正的海市蜃楼。

永动机主要有两大类：第一类永动机和第二类永动机。

1. 第一类永动机

第一类永动机是指在不消耗任何能量的前提下，就可以源源不断地对外做功的机器。如果能制造出这类永动机，无限多的动力就可以源源不断地输送出来，所有的化石能源就可以原封不动地保存在地下。如果真能做到这一点，人类的前景将无限美好。

这类永动机的优点再明显不过：一方面是动力的无中生有，另一

童年的永动机

方面是果实的坐享其成，同时还有对生存环境的零污染。许多世纪以来，对这类永动机的追求甚至成为许多科学家一生的梦想。

这是一个美丽的梦想，堪比"庄周梦蝶"，又有些"一枕黄粱"。

16世纪70年代，有一个意大利人提出了一个永动机的模型，他的设计思想是，用一个螺旋汲水器把水从蓄水池汲到上面的水槽里，让它冲击水轮使之转动，轮子在带动水磨的同时，又通过一组齿轮带动螺旋汲水器把水重新提升到水槽中。如果梦想成真，整个系统就可以一劳永逸地运转下去。

历史上，研究永动机的大有人在，从著名科学家到一般工匠，他们无一不想创造一个奇迹。他们的研究对象和设计理念可以说是五花八门。有利用轮子的惯性的，有利用水的浮力的，有利用细管子的毛细作用的，还有利用带电体间的电力和天然磁铁的磁力的，等等。

无论是哪一种方法，其目的都一样——获得永恒的运动以提供永恒的动力。从历史和科学发展的角度看，这一点儿都不奇怪，也根本不荒唐。因为当时的理论问题没有解决，想象中的可能性似乎总是存在的，而且前景还相当诱人。他们的研究甚至推动了科学的发展。

但在今天，如果你还要这么做，就是真正的荒谬了。在今天的科学研究中，我们也会发现这类荒谬思想的蛛丝马迹。"水变油"的闹剧就发生在我们身边，曾经成为各大报纸上的重要新闻。我们要记住，对待科学研究一定要有理性的态度，狂热过度必然贻害无穷。

那些永动机无一例外地失败了。还有堆积如山的永动机设计方案等待审查，以致法国科学院在1775年发布了一份重要声明："本科学院以后不再审查有关永动机的任何设计方案。"

第一类永动机失败的根本原因在于它违反了能量守恒定律，即热力学第一定律。热力学第一定律还有另外一种表述，那就是第一类永动机是不可能实现的。

我们知道，当系统对外界做功时，都要消耗系统本身的热量，而第一类永动机的设计理念是在不消耗任何能量的前提下获得有用功，那就叫"无中生有"。在物理世界中，"无中生有"是不可能实现的。

2. 第二类永动机

第二类永动机是指在没有温度差的情况下，从某一单一热源不断地吸取热量，把它完全变成有用功的理想动力机械。如果这类永动机能够制造出来，就意味着可以将某些巨大的物质系统（如大地、海水、空气）作为热源，从中源源不断地获得有用功。如果这一梦想能够成真，人类就会有"取之不尽、用之不竭"的能源。

1880 年，一个叫加姆吉的美国人做了一个大胆的设计，那是一个类似于蒸汽机的热机，因为它的正常运转温度是 0℃，所以人们也把加姆吉的热机叫作冰点发动机。这个发动机用沸点为-33℃的氨作为工作物质。加姆吉设想，液态氨在低温下会从周围环境吸取热量汽化为气体，而在 0℃时就以很大的压力推动活塞运动对外做功，气态氨又因为膨胀冷却而凝结为液态，于是，循环重新开始。

但是，加姆吉忽略了一个重要因素，如果要使氨由气态再凝结为液态，就必须使冷凝器和储存液体氨的容器保持低于-33℃的温度，要创造这样的条件就必须消耗能量，而且所消耗的能量远高于"冰点发动机"所提供的能量。

从能量的观点看，第二类永动机并不违反热力学第一定律，它之所以不可能实现，是因为违反了热力学第二定律。热力学第二定律清楚地告诉我们，任何循环工作的热机都不可能把从单一热源所吸收的热量全部转变为有用功。第二类永动机仍然是一个永远实现不了的梦。

两个热力学定律终结了永动机的梦想，使人们重返现实，继续探索实现各种能量形式相互转换的具体条件，以求最有效地利用自然界所能提供的各种各样的能源。

八、吉布斯：默默无闻的高人

热力学定律揭示了热运动的一般规律，是对热现象的宏观解释。但当时的人们并不清楚热运动的本质，换句话说，就是人们不知道物体为什么会发热。到了19世纪中叶，克劳修斯、麦克斯韦、波尔兹曼等通过对气体分子运动的研究，从分子水平上认识了热运动的本质。对热现象作了微观的解释，在此基础上建立了统计物理学。

统计物理学和热力学是热学理论的两个方面。热力学是宏观理论，统计物理学是微观理论，这两个方面相辅相成，共同构成了热力学的理论基础。

在统计物理学的建立和发展过程中，美国数学家和物理学家吉布斯（Jasiah Willard Gibbs，1839—1903）发挥了巨大作用。吉布斯还奠定了化学热力学的基础，是物理化学的重要奠基者。今天，可以肯定地说，吉布斯的科学成就是美国自然科学崛起的重要标志，他被誉为"美国科学理论的第一人"。

物理学家奥斯特瓦尔德就给予吉布斯极高的评价："无论是从形式上还是从内容上看，吉布斯都赋予物理化学整整100年。"吉布斯可谓一代伟大的科学家。

吉布斯的一生不仅贡献给了热力学和物理化学，他的研究触角还深入天文学、光的电磁理论和傅里叶级数等领域，都取得了不俗的成绩。

1. 寂寞的学术

大学毕业后，吉布斯当了三年教师，之后去欧洲游学，当时的欧洲远比美国先进，甚至还是美国人的梦想之地，很多美国青年以能到欧洲留学为荣。到了欧洲后，吉布斯才真正认识到美洲大陆与欧洲大陆的巨大差距。

在欧洲两年多的时间里，吉布斯先后去了巴黎、柏林、海德堡等地，听了一些著名科学家的学术演讲，其中有马格努斯、弗斯特等的数学、物理报告，有基尔霍夫、赫姆霍茨、本生等人的物理与化学报告。可以说，那两年多的学习，吉布斯在学术上受益匪浅。1869 年，吉布斯游学归来，之后一直在耶鲁大学任教，再没有迈出过美国半步。

吉布斯笃信基督教，深居简出，终生未婚，他一直与姐姐一家生活在一起，一生都过着清贫而俭朴的生活。吉布斯的一生中，只有两件事最重要：一是教学，二是研究。

吉布斯淡泊名利，从来不会炫耀自己，更不懂利用某个平台或某种优势为自己捞取好处。吉布斯非常重视自己的研究工作，是一个投身事业的人，至于别人承认与否似乎与他无关。

据说别人很难看懂他的论文，他也很少援引范例帮助说明其论证。他所导出的定律的含义时常留给读者自己推敲。多年以后，耶鲁大学的一位同事说："康涅狄格科学院当时没有一个成员能够读懂他有关热力学的论文。"

吉布斯的第一篇论文和第二篇论文都与热力学有关，而且都发表在《康涅狄格州工艺与科学院学报》上，在当时，《康涅狄格州工艺与科学院学报》根本就不是一流期刊，但吉布斯似乎不怎么在乎。不知道那时的吉布斯知不知道，没有广泛的读者，怎么能找到众多的知音？

今天，做理论研究的人都知道，有一个重要参数能在一定程度上衡量一篇论文的价值大小，这就是影响因子，它能说明论文被别人引用的频次，也能间接地告诉你，你的论文有多少认同者。

从历史的一些记载看，吉布斯似乎知道知音的重要性，特别是想引起那些学术上的大家的关注。他曾把论文的复印本寄给一些在热力学方面取得显著成就、产生广泛影响的欧洲学者，他相信，他们能读懂他的论文。在这些学者中，就有电磁理论的奠基人、英国物理学家麦克斯韦。

可以这么说，麦克斯韦是吉布斯论文的最热忱和最有影响力的读者，他完全赞同吉布斯在论文中的观点，还在他的《热的理论》一书中专门写了一章介绍吉布斯的工作。可惜的是，没过多长时间，吉布斯的这位难得的知音就与世长辞了。

美国传记作家卢卡斯专门写了吉布斯的传记，她在书中讲了吉布斯与麦克斯韦之间交往的轶事，从中可以看出吉布斯的性格和处事的一个侧面。

在吉布斯寄给麦克斯韦的论文中，有一篇是论述冰、液态水和水蒸气相平衡方面的理论问题的。这本来是一个实验和理论结合得非常紧密的问题，但吉布斯在论文中却只给出了抽象的概念，而缺少形象、易理解的实验步骤。还是麦克斯韦亲自动手，补充了一些带有结论性的看法。对吉布斯来说，这是来自大洋彼岸的最好礼物。

2. 19 世纪美国社会的价值观

无论是在化学热力学还是在统计力学方面，吉布斯都做出了巨大贡献，凭借其中的任何一项，吉布斯都有资格获得诺贝尔奖，这是许多科学史家的共同看法，也是笔者的观点。

在美国，吉布斯身边的同事似乎没有觉察到他的工作的意义，即使他是耶鲁大学教授，也有多年几乎没有薪俸，不知道他靠什么维持生活。一些人甚至还曾掀起了撤销吉布斯耶鲁大学教授职位的运动，他们说，吉布斯的理论研究没有多少实用价值。

在他去世后，情况才慢慢地好转。1920 年，在纽约大学的名人馆筛选出的名人候选人中，出现了吉布斯的名字，但在 100 张选票中他只得到了 8 票。到 1950 年，他才被选入纽约大学名人馆。这时距离吉布斯去世已经过去了 47 年。

美国后世科学史家在评价这段历史时，称吉布斯是一位在自己的本土不享荣誉的先知。在自己的国家都不受重视，他的工作怎么能被国外学者知道？——即使他做的是开创性的前沿工作。我们知道，在赫姆霍茨、范特霍夫等得出一些重要结论时，大洋彼岸的吉布斯在他们之前就已经发现了，只是吉布斯默默无闻。

今天，互联网把世界连在了一起，只要你做出了最前沿的工作，就可以把论文投递到国际上任何一家权威的刊物。但在当时，情况完全不是这样。

19 世纪下半叶，正是美国开发西部、向西部大进军的时期，追求高利润是当时美国社会上下一致的目标，实用主义和功利主义成了当时整个美国社会的主流。这种价值观限制了美国人的眼界，反映到自然科学领域，就是技术优先于理论，实用远高于理性。因为技术可以直接带来利润，理论科学所起的作用不仅缓慢，有时候还看不到任何希望。

在这一方面，吉布斯和爱迪生的故事是一对最好的证明。他们一个是美国理论科学的第一人，另一个是美国首屈一指的发明家。1878年，吉布斯发表了他在热力学方面的第三篇论文；同一年，爱迪生发明了白炽灯。然而，两人在世时的境遇大不一样，一个默默无闻，另一个大红大紫。这非常形象地说明，19 世纪末 20 世纪初美国社会的"短视病"相当严重。

当然，到了 20 世纪 30—40 年代，美国人开始重视理论研究，特别是第二次世界大战期间及其以后，有大量科学家从欧洲，特别是从德国来到美国，给美国社会提供了重要的智力支持。

他们把"日耳曼理性思维和科学精神"带到了美国，才使美国的科学技术处于世界领先地位。美国人觉醒之后，才意识到吉布斯的重要性。从那时起，吉布斯尽享身后的荣耀，有人说他是牛顿之后最伟大的综合哲学家。

九、小　结

写到这儿，做一下小结很有必要。力学、电磁学和热力学统计支撑起了经典物理学的基本框架，它们就是我们所说的三大经典物理学理论。

在逻辑结构方面，三大经典物理学的理论主线都是模仿欧氏几何的风格描画出来的，即从几个不证自明的"公设"或"定律"开始，推导或衍生出很多"定理"。这也成为科学思想不变的模式。

牛顿的三大运动定律和万有引力定律是搭建经典力学的基石。天上地下，无不在牛顿力学管辖的范围之内。万有引力是宇宙的力量，大到行星运动，小到苹果落地，都是它的权限所及。但在分子这一层次，我们只能寻找别的出路。

麦克斯韦方程综合了库仑、安培和法拉第等的思想，提出了令人耳目一新的创见，使电与磁变成了一对相依相存、患难与共的"兄弟"。

抛开纯粹的宇宙不管，在我们生活的空间，我们正在创造着越来越多的电磁波，也被这些电磁波所包围，实际上，我们的生活已经离不开它们。当你享受电磁波带来的五彩缤纷和惬意时，一定要记住那些做出了伟大贡献的物理学家。

仅从概念的角度来看，电磁学的起点是对电力与磁力的描述，热的本质是能量的一种形式，力是与能量有关的概念，它们本身虽各有侧重，但理论的根基还要追溯到牛顿力学。

第十一章

探索微观世界

我们生活在宏观世界，真实可感，我们的很多知识源于直观感觉或经验判断，它们往往看起来非常可靠。宏观世界似乎非常辽阔，又真实可信。实际上，更加一望无际的是宇观世界，即使是人类的想象力也难以抵达。

在本章中，我们的目光主要聚焦于微观世界——另一个截然不同的空间，那里有分子和原子，以及更多的微观粒子。本章中，我们仅在原子、分子这一层次讨论物质及其运动。

古希腊人说"原子是组成物质的不可分的最小颗粒",这基本上就是古希腊人的原子论。它告诉我们,在千变万化的现象世界,一定有一个不变的物质基础。

牛顿也相信这一说法,对牛顿来说,原子概念只是一种工具,因为它可以解释很多现象,比如,为什么不同的物质在惯性现象和万有引力上具有相同的效应。

要想看到原子的"尊容"却是难上加难,李白在一首诗里曾说:"蜀道难,难于上青天。"虽然这样说,他却不止一次地走过蜀道,但要走进原子的领地,绝不会比攀登一万次蜀道更加容易。

至少在 19 世纪以前,看到原子是绝对不可能的事情。直到 19 世纪,才陆续出现了观测原子的理论基础和实验基础。首先是在研究化学的过程中发现的定比定律,其次是气体动力学。

一、添 砖 加 瓦

古希腊人的原子概念或许只是苦思冥想的结果,是玄学家们的主观臆测,是朴素哲学的光华闪现。这种情况一直维持到牛顿时代。17 世纪时,化学家用原子概念来解释一些化学现象,在这个过程中,推动了对原子概念的深入研究。

1661 年,英国化学家玻意耳出版了《怀疑的化学家》,在书中提出了元素和化合物的概念。在玻意耳看来,元素就是不由任何其他物质构成的原始而简单的物质，这有些像今天对单质的定义。

1666 年，玻意耳又提出了原子的概念，他所说的原子是构成元素的最小物质粒子，有一定的形态。在此基础上，他又提出，一种原子可以与其他原子构成特定的形态。这种形态是化合物中的最小物质粒子，这实际上就是今天所说的分子。

有了这些概念，玻意耳就能够解释，为什么像燃烧这样重复的化学实验会得到相同的结果。玻意耳推测，每种分子中的原子成分是一定的，这就是今天的定比定律。比如，每个水分子由两个氢原子和一个氧原子组成。

玻意耳提出的这些概念奠定了近代化学的基础。因此，他有"近代化学之父"的称号。

后来，玻意耳和他的助手胡克通过改进真空技术，发现在密闭容器中的定量气体，在恒温下，气体的压强和体积成反比关系，这就是玻意耳定律，是今天物理学和化学教科书中的重要知识点。

对古代人来说，把一个容器里的水抽干是一件简单的事情，但把里面的空气抽掉就难上加难。到哪儿去找这样的抽气机呢？真空泵的发明解决了这一难题，推动了科学研究的进展。有了真空泵，就能制造出一个真空，在真空条件下，可以做很多有趣的实验，科学家也能够得到更精确的实验数据。

玻意耳和胡克发现，如果容器中的空气很少，里面的小动物就会窒息而死，火焰也会熄灭。他们还发现，无论是燃烧还是动物呼吸，当达到极限的时候，容器里还剩下很多气体，而这些气体再也不能维持燃烧或供动物呼吸。这使他们意识到，空气是一种混合物，其中就含有我们今天熟悉的氧气。遗憾的是，玻意耳和胡克没有再深入研究下去，因此，他们距离发现氧气只有一步之遥。

二、在黑暗中发现那一束光亮

原子和分子既然看不见、摸不着，就一定会有很多人对其的存在将信将疑。直到 20 世纪初，许多著名科学家还持这种态度。但无论信与不信，原子都是一种真实存在。那么，人们就会问，一杯水里含有多少个水分子？一块铁中含有多少个铁原子？对这类问题的研究实际上涉及物理学的微观领域。

今天，这一问题已经解决，与该问题有关的一个重要物理参数就是阿伏伽德罗常数（N_A）。它的值是 6.02×10^{23} / 摩尔。

说得再具体一些，就是 1 摩尔原子（或分子）含有 6.02×10^{23} 个原子（或分子），而 1 摩尔原子（或分子）的质量，以克为单位，在数值上就等于这种原子（或分子）的相对原子质量（或相对分子质量）。

在玻意耳之前，化学几乎没有科学地位。在拉瓦锡之后，化学才渐渐变成了相对独立的学科。

直到 20 世纪初，人们还把"声、光、电、化"并列，并把它们作为物理学的四大"部门"。这里的"化"就是化学。原子和分子的结构是物理学家和化学家共同感兴趣的，只不过其侧重点有所不同。化学的重点是原子与分子化合或分解的规律，物理的重点是这些小质点受力与运动的原因。

在自然科学中，理论和概念发展的主要方法是"先猜后证"，即先提出一个假说或模型，然后再寻找观测上的数据。用胡适的话说，就是"大胆假设，小心求证"。古希腊的原子论就是"大胆假设"的产物。

但"小心求证"的历程却极其漫长。2000 多年来，人们只要想起这事，就会投去关注的目光。连物理学家牛顿都关注过原子论。当然，他是从物质运动和受力大小的角度去看问题的。

到 17 世纪，人们发现了某些物质中的元素有一定比例（如水由氢和氧两种元素组成），原子论再次引起人们的注意。做一个假设，如果原子真的存在，那么所有化合物的组成都应该服从定比定律。这其实提供了一种检验原子是否存在的可观测的方法。

只有定比定律还不够。即使定比定律成立，也不能说明原子就一定存在，还需要更多的观测证据。自然科学的一大特征就是，永远不可能做到百分之百的确定。爱因斯坦曾经说过："任何学说，接受观测的考验无论成功了多少次，都不能保证绝对正确，但只要失败一次，那就是错误的，至少是有缺陷的。"

翻开自然科学史，不难找到这样的例子。从"地心说"到"日心说"，从"燃素理论"到"氧化理论"，从"经典力学"到"相对论力学"等，几乎都没有跨过这个坎儿。很多学说提出之初似乎很有道理，也曾经推动了科学的发展，但后来并没有经得起观测的检验。

三、徘徊在宏观与微观之间

牛顿力学用相同的原理说明了天上的行星运动和树上的苹果落地的玄机，可以说是大获成功。人们相信，站在牛顿力学的大厦上，就可以瞭望整个宇宙。在牛顿及其追随者的眼中，世界就是个大机器。这就是机械自然观形成的基础。

在物质的细微结构上，牛顿力学是否同样有效就成了一个问题。到 19 世纪，这个问题日益突出，一段时间内也没有很好的解决方法，因为要研究的对象都是看不见、摸不着的。在这一点上，表现出了物

在宏观与微观之间

理学在微观领域与宏观领域的基本区别。

牛顿及其追随者相信，物质由很多原子构成，而他们心目中的原子还是古希腊人的观念。不过，牛顿认为，这些原子之间有一种只能在近距离才起作用的力，这种力使它们聚集在一起。原子的种类不同，作用力的大小不一样，物质的性质也就不同了。但这仅仅是一种猜测，离事物的本质还有相当的距离。比如，在说明这种力是如何产生的时候，它就显得无能为力了，因此也就无法解决原子间的运动问题。

所有气体在压力很低时，遵守同样的关系式，我们把它叫作理想气体方程式。这是一个很好的线索。它说明稀薄气体的宏观行为是类似的，因此，它们在微观行为方面的力学性质也一定是最简单的。牛顿力学在解释微观现象时，很自然地就要从气体着手。

与牛顿同时代的胡克和伯努利等都想从力学的角度来解释玻意耳定律，但进展不是很大。100年后，热学的发展近于完成，原子、分子的观念日益深入人心，特别是查尔士定律、绝对温标和阿伏伽德罗分子学说的出现，这方面终于有了突破。

1848年，焦耳通过计算得知，如果气体的压力是由分子撞击器壁而引起的，那么通常情况下，分子的平均速率大约是每秒500米。

1857年，鲁道夫·尤利乌斯·克劳修斯（Rudolf Julius Emanuel Clausius，1822—1888）对理想气体作出了三个假设。第一个假设是，稀薄气体中，分子间的距离很大，故可以把分子看作是很小的质点。第二个假设是，假若分子为坚硬的小球，分子间除了相互碰撞外，再没有其他作用力，分子在碰撞器壁或相互碰撞时也不损失总动能。第三个假设是，纯气体中，所有分子的速率（或动能）一致。克劳修斯据此写出了他的数学表达式。

克劳修斯的三个假设提供了一个非常好的模型，以力学的形式解释了玻意耳定律，即在微观上解释了压力是如何产生的；解释了查尔士定律；还告诉我们理想气体的总动能与温度成正比，即在微观上解释了温度是如何产生的。

克劳修斯的假设首先沿用了牛顿的原子思想，因此，这一假设是否成功就成了原子论的另一个可观测的检验方法。其次，这一假设躲开了牛顿最担心的"粒子间的作用力"问题，因此，也巧妙地解释了为什么稀薄气体的性质与种类没有关系。

最后一点，就是在纯气体中，所有分子的速率（或动能）一致。而麦克斯韦认为，气体分子在运动中，不可避免地要发生频繁碰撞，各分子的运动速率也一定随时发生改变。由于分子数量太多，只能描述它们的速率分布。

1859年，麦克斯韦对克劳修斯的数学表达式进行了修改，他引用了误差分析的观念，假定任一方向的速率是常态分布（也叫高斯分布），推导出了速率与动能的分布关系式。麦克斯韦还引入了平均动能的概念。

这样，克劳修斯的结论仍然成立。经过麦克斯韦修改后的速率分布就叫作麦克斯韦分布式。后来的实验证明，麦克斯韦分布式相当正确。

气体动力学是又一个用微观描述来解释宏观现象的成功例子。再次显示了"大胆假设，小心求证"这一研究方法的重要性。实际上，这也是研究微观世界的重要手段。

打开原子世界的大门：
19世纪末物理学的
三大发现

原子是我们非常熟悉的概念。从古希腊的德谟克利特一直到近代的道尔顿，都把原子想象成不可分的最小微粒。

但是，到了19世纪末，"原子是不可分的"观念不再可信。几千年来的学说受到了挑战。归功于19世纪末物理学的三大发现——X射线、放射性和电子，原子世界的大门终于被打开。

到 19 世纪末，物理学已经是自然科学中发展得最完善的学科。它以经典力学、热力学、统计物理学和电磁学为支柱，建立了一座宏伟的经典物理学大厦。当时的人认为，物理学理论已经近于完整、系统和成熟。

对于各种常见的物理现象，都可以用相应的理论予以说明。当运动速度比光速小得多时，物理的机械运动准确地遵从牛顿力学定律；电磁现象被总结为麦克斯韦方程；光现象有光的波动理论，最后也归结为麦克斯韦方程；热现象可由完整的热力学和统计物理学来解释。

既然物理学大厦已经落成，留给后来者的就是一些"修修补补"的工作。很多物理学家都感到自己"生不逢时"。据说，普朗克（Max Karl Ernst Ludwig Planck，1858—1947）年轻时曾对他的老师说，自己将来要献身于理论物理学研究。老师劝他："年轻人，物理学是一门已经完成了的科学，不会再有大的发展，将一生献给这门学科太可惜了。"

一、物理学真的就那么完美吗

其实，在物理学明朗的天空中飘荡着两朵"乌云"，一朵与"以太"漂移实验有关，另一朵与"黑体辐射"有关。这就是我们常说的开尔文的两朵"乌云"。

开尔文的感觉很敏锐，1900 年 4 月 27 日，他做了"热和光的动力理论上空的 19 世纪疑云"的重要演讲,演讲中提到的就是这两朵"乌云"。但他不曾料到,正是这两朵"乌云"的飘动,带来了一场物理学革命,在这场革命中诞生了相对论和量子力学。

作为一代伟大科学家,开尔文比别人更加先知先觉。但他还是低估了这两朵"乌云"的威力,它们从根基上动摇了经典物理学大厦的根基,使经典物理学处于危机中。

1. 第一朵"乌云":"以太"漂移实验

水波的传播要有水做媒介,声波的传播要有空气做媒介,离开了介质,它们就不可能传播。照此推理,太阳光靠什么介质传播到了地球上?遥远的星系发出的星光又靠什么介质传播到了地球上?

光从太阳到达地球需要 8 分钟多,很多星光到达地球甚至要花费几十亿年时间。在那几乎是无限遥远的宇宙空间,难道就仅仅是真空吗?还是散布着其他介质?

物理学家给光找了个传播介质,这就是"以太"。

"以太"这个概念是由古希腊哲学家亚里士多德最早提出的。他当时说:"下界由火、水、土、气四种元素组成;上界只有一种元素,即'以太'。"

万有引力定律被发现后,牛顿复活了亚里士多德的"以太"梦想,他说:"'以太'是宇宙真空中引力的传播介质。"这样就很好地解决了宇宙真空中引力由什么介质传播的问题。

后来,物理学家又发展了"以太"说,他们认为,"以太"也是光波的传播介质。光和引力一样,也是由"以太"传播的。人们把"以太"当成了宇宙空间无处不在的东西,甚至有人说:"'以太'是由一种非常小的弹性球组成的稀薄的感觉不到的媒介。"

到了 19 世纪,麦克斯韦的电磁理论也把光和电磁波的传播说成是一种没有重量、绝对可以渗透的"以太"。

"以太"既具有电磁的性质,是电磁波的传播介质,又具有机械力学的性质,是宇宙引力的传播介质。这样,电磁理论和牛顿力学就取得了协调一致。"以太"是光、电、磁及引力的共同载体的概念就越来越深入人心了。

但是新的问题接着出现了：既然地球以每秒 30 千米的速度绕太阳转动，就必然会遇到每秒 30 千米的"以太"风迎面吹来。同时，它也必然会对光的传播产生影响。仔细考虑一下，这还真是一个问题。想到这些，人们就开始怀疑，到底有没有"以太"呢？

1879 年，麦克斯韦提出了测定地球相对于"以太"的速度问题。他说，地球上所有测定光速的方法，由于精度有限，都不足以证明检验地球的绝对运动。麦克斯韦还提出了他的测定方法：让光线分别在平行和垂直于地球运动方向等距离地往返传播，平行于地球运动的方向所花的时间将会略大于垂直方向的时间。

在麦克斯韦的启发下，波兰裔美国实验物理学家阿尔伯特·亚伯拉罕·迈克尔孙（Albert Abrahan Michelson，1852—1931）开始进行这类实验。为了提高测量精度，他设计了一种干涉仪（迈克尔孙干涉仪），用它来测定地球相对于"以太"的运动。

按照经典物理学理论，光乃至一切电磁波必须借助绝对静止的"以太"来传播。当考虑地球公转时，就意味着"以太"也不是绝对静止的。那么，在地球运动的平行方向和垂直方向，光通过同一距离所用的时间就应当不同。

1881 年，迈克尔孙依此原理设计了一个极为精密的实验，结果没有发现任何时间差，或者说，他得到的是零结果。

1884 年，开尔文和瑞利到美国进行学术访问，他们鼓励迈克尔孙把实验继续下去。1887 年，迈克尔孙与精通物理学和数学的莫雷（Morley，1838—1923）合作，改进了实验装置，提高了测量精度，结果还是一样，没有发现任何时间差。这就是物理学发展史上著名的"以太"漂移实验。实验结果只能得出一个结论：地球相对于"以太"的运动是不存在的，或者说，"以太"本身就是子虚乌有。

"以太"漂移实验没有取得人们预期的结果，却启发科学家对过去的理论进行沉思和反省。在这类实验结果面前，有些科学家无奈地说："上帝真是太难以琢磨了。"虽然"以太"并不存在，但古希腊上空的那片蓝天还是那么蓝（古希腊人认为，"以太"指的就是青天或上层大气）。

迈克尔孙和莫雷的实验结果使物理学家们进退两难。在"以太"漂移实验面前，他们只有两个选择，要么放弃"以太"理论，要么相信地球静止不动（似乎又回到了托勒密那里）。一时间，经典物理学的发展陷入了一筹莫展的困境。

为了解释"以太"漂移实验，爱尔兰物理学家菲兹杰拉德（George Francis Fitzgerald，1851—1901）提出了物体在"以太"风中的收缩假说。他认为，在运动方向上，物体长度将会收缩，以致我们无法在光学实验中探测出"以太"漂移的迹象。

后来，荷兰物理学家亨德里克·安东·洛伦兹（Hendrik Antoon Lorentz，1853—1928）也提出了物体在"以太"风中长度收缩的假说，并给出了著名的洛伦兹变换。

两个人的工作暂时维持了经典物理学形式上的完美。他们的辛苦没有白费，若干年后，爱因斯坦提出狭义相对论就是因为汲取了他们思想的营养。

2. 第二朵"乌云"："紫外灾难"

开尔文所说的第二朵"乌云"与"黑体辐射"有关，也就是我们常说的"紫外灾难"问题。

生活中，我们都有这样的感受，在同样的温度下，不同物体的发光亮度和颜色是不一样的。而颜色与波长有关，物体的颜色越深，吸收辐射的本领就越强。所以，我们就不奇怪，为什么煤炭对电磁波的吸收率可达80%左右。

所谓黑体能够全部吸收外来的辐射而没有任何反射和透射，吸收率达100%，真正的黑体并不存在，所以，它只是一种理想的情况。

19世纪末，卢梅尔（Lummer，1860—1925）等发现，"黑体辐射"的能量是不连续的，它按波长的分布仅与黑体的温度有关。这就是著名的"黑体辐射"实验。在经典物理学看来，这个实验的结果是不可思议的。

当时，人们都从经典物理学出发，寻找实验规律，以解释"黑体辐射"的结果。由于前提和出发点不正确，结果都以失败告终。

德国物理学家维恩（Wien，1864—1928）建立了"黑体辐射"能量按波长分布的公式，但是，只有在波长比较短、温度比较低时，这个公式才和实验事实符合。

英国物理学家瑞利和物理学家兼天文学家金斯认为，能量是一种连续变化的物理量，在此基础上，瑞利和金斯建立了"黑体辐射"强度随波长变化的公式，这个公式在波长比较长、温度比较高的时候和实验事实符合较好。但是，在短波区（即紫外光区），该公式遇到了麻烦，因为那时候，随着波长的变短，辐射强度就会无止境地增加，这和实验数据相差了十万八千里，是根本不可能的。这就是科学史上所说的"紫外灾难"，是开尔文曾经提到过的另一朵"乌云"。

"紫外灾难"清楚地表明，经典物理学理论在处理"黑体辐射"问题上失败了，"紫外灾难"意味着经典物理学遇到了严重危机，而这场危机却孕育着物理学的一次革命。

二、X 射线的发现

对于 X 射线，我们并不陌生，在医院中体检时会做 X 射线透视。当然，X 射线的用途并不局限于此。

X 射线的发现起源于对阴极射线的研究。阴极射线就是真空管内的金属电极在通电时其阴极发出的射线。这种射线受磁场影响，具有能量。

19 世纪末，关于阴极射线的本质问题吸引了许多科学家的注意，德国维尔茨堡大学的物理学教授威廉·康拉德·伦琴（Wilhelm Röntgen，1845—1923）就是众多的研究者之一。

1895 年 11 月的一天，伦琴在用阴极射线管做实验时，把一包密封的照相底片放在射线管附近，后来他发现底片感光了。这次偶然的发现引起了伦琴的注意："这到底是怎么回事？""密封的底片为什么会在射线管旁边感光？"作为一个观察仔细、头脑敏锐和善于思考的科学家，伦琴自然不会放过这种奇怪的现象。

他又找了些新底片，用更厚的纸一层一层地包裹好后，重新对准阴极射线管进行实验。结果底片又感光了，再没有什么比这更让他惊异的了。他多次重复了这个实验，结果都一样。

伦琴据此推断：阴极射线管会发出一种具有穿透力的射线，这种射线肉眼看不见，却能使黑暗处的照相底片感光。这也意味着，能用一个实验装置捕捉和检测到这种射线。

伦琴后来又对这种射线进行了系统研究。他发现，这种射线穿透力很强，它能穿过人的衣服、肌肉，但不能穿过骨骼。

有一次，伦琴无意中用手去遮挡射线，在屏幕上看到了自己的手的影像，那只手的肌肉和皮肤的轮廓很微弱和模糊，但骨骼的线条却非常清晰，像一只骷髅手。伦琴试着弯曲手指和握紧拳头，屏幕上的"骷髅手"也跟着变换形状。

又过了几天，伦琴的夫人来到实验室，伦琴让她把手放在用黑色纸包裹得很严实的照相底片上，然后用这种射线对准照射了 15 分钟。显影后，底片上呈现出伦琴夫人的手骨像，手指上的结婚戒指也清晰可见。伦琴当时不知道，这种射线对人有严重伤害。不过，这是一张有历史意义的照片，这是一次有重大科学意义的实验。

当时，伦琴夫人惊奇地问："什么射线有这么大的魔力？"

伦琴回答说："暂时还不知道，就叫作无名射线吧！"

伦琴夫人顺口说："又是一个 X ！"

伦琴眼前一亮，这种射线的名称就这么定下来了，这就是 X 射线名称的由来。这一名称一直叫到了今天。你若哪天去医院做体检，可以感受一下这种射线。不过，平时千万不要靠近它。如果必须接近它，就一定要做好防护措施。

就这样，伦琴发现了 X 射线，并拍摄了世界上第一张 X 射线照片。

X 射线

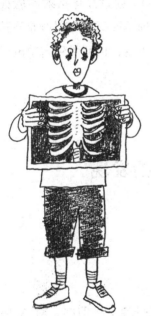

神奇的X射线

1895 年 12 月 28 日，伦琴公布了他的发现，立即震惊了全世界，当时，很多的报纸都报道了伦琴的这一重大发现。他那生物骨骼的 X 射线照片，引起了人们的惊恐和好奇。一时间，很多物理学家都想重复这个实验。没过几天，美国科学家就用 X 射线发现了患者足部的子弹。

从那之后，X 射线就应用于医学和冶金学。今天，规模比较大的医院都有放射科，里面就有 X 射线透视仪。X 射线的发现，也为物理学的发展提供了一个有力的工具。

X 射线的发现为伦琴带来了巨大荣誉，1901 年，诺贝尔奖第一次颁发，伦琴由于这一发现而获得了这一年的物理学奖。

伦琴当时并不很清楚 X 射线的本质。1912 年，德国物理学家马克斯·冯·劳厄（Max von Laue，1879—1960）通过晶体衍射实验证实了 X 射线是波长很短的电磁辐射。现代物理学证明，X 射线是高速电子轰击靶物质造成内层电子向外层高能态激发，再回落到内层电子空位时造成的辐射。

三、放射性现象的发现

1. 贝克勒尔的意外收获

X 射线的发现引起了全世界科学家的注意，一时间，对 X 射线的研究形成了一股潮流。研究结果引发了元素放射性和放射性元素的发现。

发现了 X 射线后，伦琴把他的论文寄给一些著名物理学家，其中就包括法国数学物理学家亨利·庞加莱（Jules Henri Poincaré，1854—1912）。1896 年，在法国科学院的一次例会上，庞加莱介绍并展示了伦琴寄给他的 X 射线照片。坐在台下的法国物理学家安东尼·亨利·贝克勒尔（Antoine Henri Becquerel，1852—1908）问道："X 射线发自阴极射线管的哪个部位？"

庞加莱说："是管壁发出荧光的区域。"

贝克勒尔马上想到，X 射线很可能与荧光有某种关联。会议结束后，他就开始着手研究，想寻找关联的细节。

贝克勒尔出身于书香门第，他的父亲和祖父都是物理学家，而且都以研究荧光和磷光闻名。他的实验室里有许多荧光物质，有条件进行与发光有关的研究。

他选定了铀盐进行实验。他用黑纸包好一张感光底片，在底片上放置两小块铀盐，在其中一块和底片之间放了一枚银圆，把这些东西在阳光下曝晒几个小时，然后打开黑纸包封的底片，发现了底片上银圆的影像。

有一次，连着几天阴云密布，贝克勒尔只好把实验用的东西锁在抽屉里，当天气再次放晴他准备做实验时，却发现底片上明显有感光的现象。这是一个意外的惊喜，这说明，铀本身在不断地自行发光。

第二天，在法国科学院举行的例行学术会议上，贝克勒尔公布了这一发现。为了探索这种射线的来源，他又试验了大量有荧光和磷光效应的物质，发现只有含铀的晶体才有这种"穿透辐射"效应。而且，纯铀所产生的辐射比铀盐强 3—4 倍。

1896 年 5 月 18 日，贝克勒尔将他的发现公之于众。他说："铀是一种特殊的物质，它具有发射穿透射线的能力。"铀就是人们发现的第一种放射性物质。后来的科学家为了纪念贝克勒尔，就把这种天然放射线叫作贝克勒尔射线。

贝克勒尔的发现并未"一石激起千层浪"，未像伦琴的发现那样吸引了全世界的目光。他似乎有些失落，此后的研究仅限于他所熟悉的铀，而且进展不大。

2. 居里夫妇的工作

贝克勒尔虽然有些失落，但他的工作引起了居里夫妇的注意。居里夫人原名玛丽·居里（Marie Curie，1867—1934），1867 年 11 月 7 日出生于波兰华沙，父亲是一位中学教师。面对拮据的生活，玛丽既很懂事，又能吃苦，为资助姐姐去法国学医，她当了 5 年家庭教师。1891 年，玛丽又在姐姐的帮助下到法国半工半读。她既爱学习，又十分聪明，考入了索尔本大学理学院。在此期间，虽然生活十分清苦，但她靠着刻苦奋发的精神，两年之后就以优异成绩先后获得物理学学士和数学学士学位。1985 年，她与任教于巴黎市工业物理化学学校的皮埃尔·居里（Pierre Curie，1859—1906）结婚，遂改名为玛丽·居里，后来人们都称她为居里夫人。

那时候，沉浸在浪漫的蜜月中的居里夫人敏锐地意识到了天然放射性物质的重要性，于是，她把这方面的研究作为自己的博士论文攻克的主要目标。

居里夫人系统、深入地研究了铀的放射性。实验工作是在一间破旧的木棚里进行的，木棚内既潮湿又阴冷，实验装置也很简陋。就是这样的条件，也没能减弱居里夫人的研究热情。通过研究，她得出了一个重要结论：铀的辐射强度正比于试验物品的数量，而不受其他元素的影响。而且，这类辐射也不受光和温度的影响。

初战告捷，居里夫人想到了更多的问题。那么，除了铀之外，还有没有其他元素也有这种性质？带着这一问题，居里夫人开始了大量的系统筛选和研究，试过了实验室所有已知的元素和化合物。

1898 年，居里夫人公布了一个惊人发现：钍也具有铀的类似性质，钍也能放射出铀的那种光线。居里夫人建议把这种能力叫作放射性。

居里夫人在对铀和钍的混合物进行研究时，观察到有些铀钍化合物的辐射强度比其中铀和钍的含量所要发射的还要强得多。这是一种十分奇怪的现象。这么强大的射线到底是从哪里发射出来的呢？最有可能的就是，还有一种未知的元素，它的放射性更加强大。居里夫人的丈夫、法国著名物理学家皮埃尔·居里意识到了这一问题的重要性，就放下了手头的晶体研究工作，夫妇俩一起投入寻找新元素的工作中。

居里夫妇希望从沥青铀矿石中把这种新元素分离出来，但一吨沥青铀矿石根本就不是他们所能买得起的。他们想，这种新元素可能仍然存在于已提炼过铀的矿渣中，而这种矿渣几乎一文不值。于是，他们就成吨地买来这种矿渣，一铲一铲地往铁炉里送。研究工作的艰辛程度可想而知，不仅是脑力劳动和体力劳动，还有浓烟的侵袭和放射性元素的辐射。

1898 年 7 月，居里夫妇终于发现了一种新的放射性元素——钋。它的放射性是铀的 400 倍，这一元素是居里夫人对她的祖国波兰的最好纪念。因为钋的词根与波兰国名的词根一样。

1898 年年底，居里夫妇又发现了放射性元素镭，它的放射性更加强大，放射性是铀的 200 万倍，镭就是强放射性的意思，这一发现立即轰动世界。但有人对此持怀疑态度，这怎么可能呢？

为了打消他人的疑虑，证实镭的存在，居里夫妇用了 4 年时间，采用分步结晶法，从几吨矿石中提炼出了 0.1 克氯化镭，并测定了镭的原子量是 225，这一数值与现在镭的原子量 226 已经非常接近了。

居里夫妇的努力没有白费，1903 年，居里夫妇和贝克勒尔共同获得了诺贝尔物理学奖，获奖原因是他们在发现放射性方面做出的突出贡献。1903 年 6 月，居里夫人的博士学位论文《放射性物质的研究》顺利通过答辩，获得巴黎大学的物理学博士学位。同年 11 月，居里夫妇被英国皇家学会授予戴维金质奖章。

居里夫妇从此声名鹊起，在物理学（包括化学）的研究道路上越走越宽广。谁能想到，就在此时，巨大的灾难不期而至。1906 年 4 月 16 日，阴雨连绵，寒气袭人。这一天，居里撑着雨伞，艰难地行走在人群中。街道很窄，路很滑，居里准备从一辆马车后横穿马路，突然间，后面又冲来一辆马车，他被碰倒在地，马车车轮从他的头上辗过。

居里夫人失去了自己的丈夫，也失去了科学研究中的搭档。那段时间，是居里夫人一生中最悲痛的日子。但她强忍着悲痛，以超人的毅力，接替了丈夫的工作，并领导实验室的研究。

1908 年，居里夫人进一步提纯了氯化镭，对镭的原子量进行了精确测定，测定结果是 226.45。这个简单的数字背后凝聚着居里夫人的心血和汗水。她因而被称为"镭的母亲"。

钋、镭等放射性元素的发现，使放射性研究工作迈上了一个新台阶，也为物理学开辟了新天地。

1910 年 9 月，在比利时布鲁塞尔召开的放射学大会上，居里夫人建议将镭等放射性元素应用于医学。不久，世界上第一台镭辐射仪诞生，为治疗癌症提供了一种新方法——放射性治疗使成千上万名癌症患者的生命得以延续。第一次世界大战时期，居里夫人倡导用放射学救护伤员，推动了放射学在医学领域中的运用。

正是由于这个原因，瑞典科学院决定把 1911 年的诺贝尔化学奖授予居里夫人，以表彰她在放射性元素方面做出的贡献。这是居里夫人第二次获得诺贝尔奖。她也是世界上第一个两次荣获诺贝尔奖的人。

1910 年，当镭治疗癌症的疗效得到确认后，有人建议居里夫人将提炼镭的工艺过程申请专利，也有企业找上门，要求独家买断提炼镭的技术。但居里夫人没有那么做，而是毫无保留地把提取镭的技术贡献给了社会。她说："镭是一种慈善工具，它不属于我个人，它属于全世界。"

成功之后，各种荣誉铺天盖地。在这些荣誉面前，居里夫人淡然处之。所以，爱因斯坦曾经这样评价居里夫人："在所有的世界著名人物中，玛丽·居里是唯一没有被盛名宠坏的人。"她确实是这样一位女性，不仅伟大，而且谦逊。作为杰出科学家，居里夫人的社会影响很大，尤其是作为成功女性，她的事迹激励了很多人。

她一生致力于放射科学的发展，长期坚持研究具有强烈放射性的物质，直至最后把生命献给了这门科学。由于过度接触放射性物质，居里夫人患上了恶性贫血，于 1934 年 7 月 4 日在法国上萨瓦省逝世。

三年之后，居里夫人的小女儿艾芙·居里（Ève Curie，1904—2007）出版了《居里夫人传》。这本书诗化了居里夫人的生活，把她一生所遇到的曲折做了淡化处理，世人对居里夫人的认识在很大程度上受这本书的影响。

居里夫人一生能取得如此伟大的科学功绩，不仅靠大胆的直觉，

居里夫人

而且靠在难以想象的困难情况下工作的热忱和顽强。这样的困难，在实验科学的历史中是罕见的。曾有人说，居里夫人的品德力量和工作热忱，哪怕只有一小部分存在于欧洲的知识分子中，欧洲的未来也会比较光明。

在 20 世纪 90 年代的通货膨胀中，居里夫人的头像曾出现在波兰和法国的货币与邮票上。化学元素锔就是为了纪念居里夫妇而命名的。

她发表了 70 多篇学术论文，主要著作有《放射性通论》《放射性物质的研究》等，还著有《我的信念》。她经常说的一句表示她的生活感受的箴言是："在科学上我们应该注意事，不应该注意人。"

她一生中，共获得过包括诺贝尔奖等在内的 10 次著名奖项，得到国际高级学术机构颁发的奖章 16 枚，世界各国政府和科研机构授予她的各种头衔多达 107 个，但她仍一如既往地谦虚、谨慎。

在居里夫人的实验室里，她的大女儿艾伦娜·约里奥-居里（Irène Joliot-Curie，1897—1956）与女婿让·弗雷德里克·约里奥-居里，因发现人工放射性而获得 1935 年的诺贝尔化学奖。居里一家先后三次三人获得诺贝尔奖，这成为科学史上的一段佳话。

之后，许多科学家来到这个实验室工作，尝试将居里夫人分离的镭用于治疗皮肤癌与其他病症，也取得了成效。直到今天，居里研究所仍然是重要的癌症研究机构。

1995 年，居里夫人和她的丈夫皮埃尔·居里被安葬在象征法国最高荣誉的先贤祠。

放射性物质的发现，打破了原子不可再分的陈旧观念，证明原子不是构成物质的最小单位，放出射线就意味着它还可以再分。正如著名物理学家劳厄所说的："几乎没有任何东西像放射性那样对原子概念的变化有那么大的贡献。"

四、电子的发现

今天, 电子的概念已经深入人心。大家知道, 电子总是绕原子核运动, 打个不怎么准确但通俗的比方, 就像行星围绕着太阳运动一样。不过, 它只局限于原子那样狭小的空间, 而且是高速运动。但在 19 世纪的大部分时间里, 人们还没听说过电子, 不知道电子为何物。

电子的发现也是研究阴极射线的结果。

关于阴极射线的本质, 一直存在着两种观点。一种观点认为, 阴极射线是 "以太" 波; 另一种观点认为, 阴极射线是带电粒子流。正是这两种观点长期以来争论不下, 才促使科学家不断研究。这是 19 世纪末物理学家约瑟夫·约翰·汤姆逊 (Joseph John Thomson, 1856—1940) 发现电子的直接诱因。

1. 汤姆逊的人生传奇

汤姆逊的人生是一个传奇。1856 年, 汤姆逊出生于英国曼彻斯特。他的父亲早先靠摆书摊养家糊口, 后来, 将这一事业越做越大、越做越强, 成了英国著名的书商。与书打了一辈子交道的著名书商自己却没有多少文化, 深知没有文化的痛苦。因此, 他十分重视对子女的培养, 为了让他们接受最好的教育, 特地为孩子们聘请了最好的家庭教师, 希望他们有文化、有知识、有礼貌。

正是这一缘故, 汤姆逊从小就受到了良好的启蒙教育, 打下了坚实的基础。汤姆逊是个少年天才, 14 岁时就考入曼彻斯特大学, 还获得了奖学金。1876 年，汤姆逊被保送到了剑桥大学三一学院，成为知名教授路兹的得意门生。

从剑桥大学毕业后，汤姆逊留在剑桥大学著名的卡文迪许实验室工作。27 岁时他被选为英国皇家学会会员。1884 年，汤姆逊接替瑞利担任卡文迪许实验室主任，那时他才 28 岁。在这个岗位上，他一干就是 40 多年。

汤姆逊少年英俊，事业有成，自然就成了大家关注的对象，特别是吸引了大家闺秀们的注意。一个叫露丝的姑娘爱上了汤姆逊，露丝是贵族出身，父亲是英国的勋爵。

那时候，汤姆逊在剑桥大学上学，一心扑在科学事业上，还顾不上考虑其他事情，露丝也就一直等着。等了多年不见回音，就提笔给汤姆逊写了一封信，信中说："亲爱的汤姆逊先生，你已经是年轻的皇家学会会员，是剑桥大学的教授，又是卡文迪许实验室主任。现在，我们该结婚了吧？"

汤姆逊觉得自己壮志未酬，不愿意那么早就结婚，于是，他回信安慰露丝："再等一等，等我获得亚当斯物理学奖时咱们就结婚。到那时候，你不觉得更光荣、更幸福吗？"

1890 年元旦，汤姆逊如愿获得了亚当斯物理学奖。获奖的第二天，他就和露丝结为百年之好。那一天，国王和王后也参加了他们的婚礼。那一年，汤姆逊 34 岁。他们的婚姻一度成为剑桥大学师生茶余饭后的谈资。

2. 发现过程

蜜月还没有度完，汤姆逊就开始着手研究阴极射线。他在一个 15 米长的真空管内，用旋转镜测时间差的方法测量阴极射线在低压气体中的传播速度，得到的速度远小于光速。

根据这一测定结果，汤姆逊认为，把阴极射线看作电磁波似乎不太合适，它更可能是一种粒子流，而且具有一定的物理性质。为了证明他的猜测，汤姆逊完成了一系列阴极射线的实验。

他先测定了阴极射线所带电荷的性质，在实验中，他发现，在磁场和电场作用下，阴极射线与负电荷遵循同样的路径，这就证明，阴极射线是由带负电荷的粒子组成的。紧接着，他从阴极射线在磁场和电场中的偏转来测定带电微粒的荷质比（电荷与质量之比）。测定结果令他非常吃惊。

通过计算，他求出的荷质比比最轻的氢原子的荷质比要大得多，通过进一步实验，他又证明，这种带电微粒的电荷与氢离子的电荷是同一量级，说明这种粒子的质量比氢原子的质量要小得多。他最后得出的结果是，这种粒子的质量只有氢原子质量的 1/1840。

这是一种以前从未发现过的粒子，汤姆逊借用一位前辈物理学家斯托内曾经用过的名词，将这种粒子叫作电子。这就是发现电子的过程。

3. 重要意义

电子的发现是物理学发展史上的重要事件之一，具有非常重要的科学意义，它不但揭示了电的本质，而且为物理学研究打开了通向微观世界的大门。正是在对电子认识的基础上，原子核物理学、量子力学、固体物理学等现代物理理论才发展起来，而这些物理理论又促使激光、半导体、超导等现代科学技术得以诞生。

电子的发现再一次否定了原子不可分的观念。汤姆逊说："以前认为不可再分的原子，现在却有更小的粒子从里面跳了出来，它带负电荷，质量非常小。"

汤姆逊毕生从事科学研究工作，除发现了电子外，还取得了许多重大成就。1906 年，他获得诺贝尔物理学奖。1908 年，他被封为勋爵。1918 年，他担任英国皇家学会主席。

1940 年 8 月 30 日，汤姆逊去世，享年 84 岁。他被安葬在威斯敏斯特教堂公墓的中央，在那里被安葬的还有牛顿、达尔文、开尔文等著名科学家。

4. 子承父业

写到这里，顺便提一下乔治·汤姆逊（George Thomson，1892—1975）。他是电子的发现者、物理学家约瑟夫·约翰·汤姆逊的独生子，长大后便跟着父亲研究物理学。在父亲的坚定支持下，乔治在系统的基础知识学习中培养了良好的科学素养，再加上十分聪明，很早时就表现出了杰出的才能。

30岁时，乔治被任命为阿伯丁大学的自然哲学教授。1927年，他和里德（A. Reid）第一次观赏到当电子束在真空中通过薄金属箔时产生的圆环条纹。尽管他们的实验不是为此目的而做，但乔治发现了箔中电子的衍射现象，为德布罗意的波粒二象性理论提供了一个证据。

1937年，乔治获得了诺贝尔物理学奖，一个家庭中有两个人获得诺贝尔物理学奖，是十分罕见的。他也获得了爵士封号，还担任过剑桥大学三一学院的院长。

X射线、放射性和电子的三大发现，打破了原子不可分的古老神话，再加上开尔文的两朵"乌云"——"以太"漂移实验和"黑体辐射"，经典物理学的大厦开始动摇，建立新的物理学理论体系的条件已接近成熟。

第十三章

爱因斯坦和相对论

爱因斯坦是 20 世纪著名的物理学家。他一生完成了许多开创性的工作，其中最令人仰慕的就是狭义相对论和广义相对论。他留下来的论文手稿字迹清晰流畅、分析论证严谨，是我们研究他一生学术生涯的重要资料。

1887 年的"以太"漂移实验是开尔文所说的飘荡在经典物理学上空的两朵"乌云"之一。前文已经提及，在牛顿力学和麦克斯韦的电磁学中，都有一个基本的假设和前提：宇宙空间充满着静止的"以太"。麦克斯韦就说："光和电磁波是靠'以太'来传播的。"

但"以太"漂移实验动摇了麦克斯韦理论的基础。如果放弃"以太"说，就不好解释电磁波的传播了；如果承认"以太"说，又找不到证据来证明它到底是什么样子。一时间，物理学家感到不知所措，经典物理学也陷入了进退两难的境地。

当时的物理学界形成了两个流派。

一派主张维护"以太"说，但要对旧体系进行一定修正。这一派的代表人物有物理学家菲兹杰拉德和洛伦兹等，他们提出了物体相对于"以太"运动时产生长度收缩的假说，引入了著名的洛伦兹变换。实际上，菲兹杰拉德和洛伦兹已经十分接近相对论了，但由于受经典物理学思想的束缚太深，未能跨出最后一步。

另一派主张彻底抛弃"以太"。这一派以庞加莱和爱因斯坦为代表。庞加莱是一位很有远见的科学家，在经典物理学的两朵"乌云"面前，甚至在一系列物理学新发现面前，看到了曙光。他敏锐地指出，物理学危机不是凶兆而是吉兆，物理学的突破就在眼前。庞加莱指出，必将产生一种全新的动力学。1904 年，他进一步预言了这种新动力学所包含的内容："惯性随速度增大而增大，光速成为极限速度，新动力学将包含了旧的力学。"

但由于庞加莱的思想还拘泥于牛顿的绝对时空观里，他没能最终成功突围出去。完成最终突围，从而揭开现代物理学革命序幕的是爱因斯坦。

爱因斯坦突围的"武器"就是相对论。相对论的创立在很大程度上化解了经典物理学的危机，也把我们带到了更加难以把握的时空。

一、少年时代

1879 年 3 月 14 日，爱因斯坦出生于德国乌尔姆镇的一个犹太人家庭。父亲是商人，据说很有数学天赋。母亲很有音乐才能，爱因斯坦的小提琴就是跟母亲学的。爱因斯坦的小提琴拉得非常好，他曾经说过他的小提琴成就要高于他的物理学成就之类的话。当然，他的话未必当真，但这足以证明母亲的音乐造诣了，她培养了爱因斯坦对古典音乐的热爱之情。

小时候的爱因斯坦并没有显示出聪明才智，他 4 岁时还不会说话，这令他的父母十分担心。

爱因斯坦 5 岁那年，父亲给他买了一个罗盘，非常好玩，爱因斯坦很快就喜欢上了这个罗盘，在家里反复摆弄，就像牛顿小时候常常摆弄那些机械零部件一样。

爱因斯坦发现，无论怎样摆动，罗盘玻璃罩下那根细细的红色指针总是指向北方。这真是一件奇怪的事情，爱因斯坦感到非常惊讶："是什么力量使它总是指向北方？"这个小小的指针在爱因斯坦幼小的心灵上刻下了深深的烙印，诱发了他探究未知世界的好奇心。

小时候的爱因斯坦似乎不合群，很少和其他小孩儿一起嬉笑玩耍，又不爱多说话，总是沉浸在自己的世界中。所以，别人总觉得这个孩子有点儿呆头呆脑，他的父母也为此非常担心。

其实，爱因斯坦对这个陌生的世界有太多的好奇，日出日落、花开花谢、刮风下雨、雨后彩虹等都成为他好奇的对象，他也总是提出很多个"为什么"。这其实是一种强烈的求知欲，不过，他的表现方式有些特别。据说是他母亲最先发现了爱因斯坦的特别之处。

读中学时，爱因斯坦的数学成绩特别好，其他学科的成绩很一般，特别是拉丁文和希腊文成绩较差。他对古典语言的感悟太差，而这是当时学校里的必修课。学校老师只得劝他退学，老师对爱因斯坦的母亲说："这个孩子将来不会有大出息的。"母亲没有办法，只好领爱因斯坦回家。就这样，人类历史上最伟大的天才之一没有读完中学就退学了。那一年是1894年，爱因斯坦15岁。

二、游学瑞士

一年之后，爱因斯坦来到瑞士苏黎世，准备报考苏黎世联邦理工学院，虽然数学和物理成绩不错，但因为其他学科成绩拖了后腿，最终还是没有被录取。学校老师安慰他，说他还年轻，明年再考也不迟。没有办法，爱因斯坦又在离苏黎世不远的阿劳镇中学补习功课。

阿劳是一个很小的镇子，自由、祥和、宁静，爱因斯坦在这里呼吸到了瑞士自由的空气，感到身心快乐。于是，他决定放弃德国国籍，从而成了一个无国籍者。

1896年，爱因斯坦终于考进了苏黎世联邦理工学院，学习理论物理专业。大学期间，爱因斯坦依然偏科，只对自己感兴趣的学科着迷——对其他学科不感兴趣，其中就包括数学。那时候，他可能还不清楚数学与物理学在理论思维和逻辑思维方面的紧密联系，数学课全凭一个叫格罗斯曼（M. Grossmann，1878—1936）的同学的笔记来应付。

爱因斯坦就是这么一个人，一方面，他对某些课程不感兴趣；另一方面，他又看了很多书，了解了课程之外的许多知识。对学生的发展和成长来说，了解课外知识其实有很大的好处。

总的来说，在大学期间，爱因斯坦还是很用功的，甚至可以用"如饥似渴"来形容。1900 年，爱因斯坦以优异的成绩获得了大学毕业证书。

三、体验生存

毕业之后，爱因斯坦开始面临生活中的困难。有好几个月，爱因斯坦都找不到工作，他体会到了立足于世界的不易，开始为生活而奔波，备尝贫困和饥饿的滋味，有一段时间，他差不多到了捉襟见肘的程度。

没有办法，他不得不在电线杆上张贴广告，广告内容是利用自己的特长——数学、物理学和拉小提琴赚钱糊口。他当过补习老师，在街头拉过小提琴，所赚的那点儿钱还是入不敷出。生活很艰难，几乎快要山穷水尽了。

就在这时，大学同窗好友、给他提供数学笔记、帮他顺利考试过关的格罗斯曼帮助了他。格罗斯曼的父亲有位朋友是伯尔尼专利局的局长，经格罗斯曼父亲推荐，爱因斯坦在伯尔尼专利局谋到了一份技术员的固定职业。

爱因斯坦的要求也不高。他曾经跟同学说："能找到一份固定的工作就好了，即使工资少一点也无所谓，那样我就可以进行学术研究了。"那时候，爱因斯坦坚守着物理学研究，在最困难的时候也没有放弃。

1902—1909 年，爱因斯坦在伯尔尼专利局工作了 7 年。他喜欢这里的阿尔卑斯山地，喜欢这里的高原湖泊和森林草地，喜欢这里的自由氛围。所以，他在此期间加入了瑞士国籍。

1902 年是爱因斯坦人生中最重要的时刻，他的同学格罗斯曼在最关键的时刻又帮助了他,"营救"了人类历史上一位伟大人物。直到晚年,爱因斯坦依然深情怀念他的老同学。他永远不会忘记,是格罗斯曼在自己最困难的时候伸出了援手,给予了他帮助。

四、不平凡的 1905 年

业余时间,爱因斯坦努力探索物理学的未知领域。刚进入苏黎世联邦工业大学时,爱因斯坦就在考虑一个问题:如果一个人以光速前进,他将会看到一幅什么样的世界图景?这个问题在他脑子里徘徊了多年,他也做过许多尝试,最后得出结论,牛顿的绝对时空观是值得怀疑的。

在伯尔尼专利局的 7 年里,爱因斯坦广泛关注着物理学界的前沿动态,在许多问题上深入思考,形成了自己的独特见解。

1905 年,爱因斯坦以论文《分子大小的新测定法》获得了苏黎世大学的博士学位。一年之内,他共写了 6 篇论文,论文涉及三个领域,创造了科学史上的奇迹。

1905 年 3 月,爱因斯坦完成了解释光电效应的论文,提出了光子学说。当时,人们已经发现,金属在光的照射下可以发射出电子。光电效应是物理学中一个重要而神奇的现象。在高于某特定频率的电磁波照射下,某些物质内部的电子会被光子激发出来而形成电源(即光生电)。光电现象由德国物理学家赫兹于 1887 年发现,爱因斯坦提出了正确的解释。科学家在研究光电效应的过程中,对光子的量子性质有了更加深入的了解,这对波粒二象性概念的提出有重大影响。奇怪的是,光的强度只与电子的多少有关,而不能使电子的发射能量变大。对于这一现象,经典物理学没有办法解释。

爱因斯坦将自己认为正确无误的论文——《关于光的产生和转化

的一个推测性观点》寄给了德国《物理年报》编辑部。那时的爱因斯坦还有些腼腆，他对编辑说："如果您能在你们的年报中找到位置发表这篇论文，我将感到很愉快。"

这篇论文把德国物理学家普朗克于 1900 年提出的量子观点大胆推广到光在空间中的传播情况，提出了著名的光量子假说。它指出光是由一定能量的光量子组成的，正是这些光量子激发了金属内部的电子，只有一定能量的光量子被金属吸收，才会激发一定能量的电子。

爱因斯坦在论文中说，对于时间平均值，光表现为波动性；而对于时间瞬时值，光表现为粒子性。在历史上，爱因斯坦第一次揭示了微观客体的波动性和粒子性的统一，德布罗意将这一假说进一步发挥，提出了微观世界普遍存在的波粒二象性。

在论文的结尾，爱因斯坦运用光量子概念成功地解释了经典物理学无法解释的光电效应，推导出了光电子的最大能量同入射光频率之间的关系。10 年之后，物理学家罗伯特·安德鲁·密立根（Robert Andrews Millikan，1868—1953）才从实验上证实了这一关系。1921 年，爱因斯坦因为"光电效应定律的发现"这一成就而获得了诺贝尔物理学奖。

这只是一个开始。接下来，爱因斯坦在物理学的光、热、电三个领域进行了卓有成效的研究。1905 年 4 月，爱因斯坦完成了《分子大小的新测定法》，同年 5 月完成了《热的分子运动论所要求的静液体中悬浮粒子的运动》。这是两篇研究布朗运动的论文。

这两篇论文间接证明了分子的存在。布朗运动是英国植物学家布朗发现的，时间是 1827 年。长期以来，人们无法解释显微镜下花粉颗粒的无规则运动。分子运动论的概念建立之后，曾有人试图从大量分子无规则运动的观点解释布朗运动，但爱因斯坦是第一个从数学角度详尽地解决了这一问题的科学家。

爱因斯坦当时的目的是，通过观测由分子运动的涨落现象所产生的悬浮粒子的无规则运动，来测定分子的实际大小，解决半个多世纪以来科学界和哲学界争论不休的原子是否存在的问题。

三年后，法国物理学家让·巴普蒂斯特·佩兰（Jean-Baptiste

Perrin，1870—1942）以精密的实验证实了爱因斯坦的理论预测，从而毫无疑义地证明了原子和分子的客观存在，这使坚决反对原子论的德国化学家、唯能论的创始人威廉·奥斯特瓦尔德（Friedrich Wilhelm Ostwald，1853—1932）于 1908 年主动宣布："原子假说已经成为一种基础和牢固的科学理论。"

1905 年 6 月，爱因斯坦完成了开创物理学新纪元的长篇论文《论动体的电动力学》（*On the Electrodynamics of Moving Bodies*），首次提出了狭义相对论。这是爱因斯坦 10 年酝酿和探索的结果，它在很大程度上解除了 19 世纪末出现的古典物理学的危机，改变了牛顿力学的时空观念，揭示了物质和能量转化的可能性和相互关系，创立了一个全新的物理学世界，是近代物理学领域最伟大的革命之一。

狭义相对论不但可以解释经典物理学所能解释的全部现象，还可以解释一些经典物理学所不能解释的物理现象，并且预言了不少新的效应。狭义相对论最重要的结论是质量守恒原理失去了独立性，它和能量守恒定律融合在一起，质量和能量是可以相互转化的。在他的理论框架内，古典力学就成了相对论力学在低速运动时的一种极限情况。这样，力学和电磁学也就在运动学的基础上统一起来了。

1905 年 9 月，爱因斯坦写了一篇短文《物体的惯性同它所含的能量有关吗？》，作为相对论的一个推论。他提出了著名的质能关系式（$E=mc^2$），即能量（E）等于质量（m）与光速（c）平方的乘积。质能互相转化的假说是原子核物理学和粒子物理学的理论基础，也是利用原子能以及制造原子弹的理论依据。

只用了半年时间，就取得了如此辉煌的成就，可以用"石破天惊"来形容。这一年，爱因斯坦才 26 岁。后世科学家评论说，爱因斯坦在 1905 年完成的这三个方面的工作，无论哪一个都有资格获诺贝尔奖。

五、假如你能赶上光速：狭义相对论

爱因斯坦关于狭义相对论的论文充满了革命性的新思想，但理解起来相当困难。爱因斯坦在论文中只用了大学本科生就能看懂的数学运算，并没有引用任何参考文献。

法国著名物理学家保罗·郎之万（Paul Langevin，1872—1946）曾说，当时全世界只有 12 个人懂相对论，相信普朗克就是其中之一。该论文被普朗克推荐发表在德国的《物理年鉴》上。从那之后，爱因斯坦又连续发表了几篇论文，建立起了狭义相对论的全部框架。

狭义相对论的全部内容建立在两个基本假设之上。第一个假设是相对性原理，即物体运动状态的改变与选择任何一个参照系无关；第二个假设是光速不变原理，即对任何一个参照系而言，光速都是相同的。在这两个基本假设中，爱因斯坦已经抛弃了经典物理学中的"以太"假说和绝对时间、绝对空间的概念。

从这两个基本假设出发，爱因斯坦很自然地得到了洛伦兹变换，并由此得出以下结论。第一，运动物体在运动方向上长度缩短；第二，运动着的时钟要变慢；第三，任何物体的运动速度都不可能超过光速；第四，同时性是相对的，在一个惯性系中同时发生的事情，在另一个运动着的惯性系中测量就不是同时发生的；第五，如果物体运动速度比光速小得多，相对论力学就变为牛顿力学，和牛顿力学相比，相对论力学具有更普遍的意义；第六，物体的能量等于物体的惯性质量乘以光速的平方。

　　在这一年，爱因斯坦的大学老师、著名几何学家赫尔曼·闵可夫斯基（Hermann Minkowski，1864—1909）提出了狭义相对论的四维空间表示形式，为相对论进一步发展提供了有用的数学工具，可惜爱因斯坦当时并没有认识到它的价值。

　　进入相对论领域，意味着你走进了一个大而虚、靠感觉无法理解的时空，正如中国的一句古话所说："天地玄黄，宇宙洪荒。"

　　在自然科学史上，一些抽象的理论，一些常常使人的思维陷入困境的理论，很可能是前景更灿烂的理论。在本质上，这既证实了物质世界的复杂性，又证实了人类智力和理解能力的有限性。这或许还可以说明，许多伟大科学家何以对《圣经》和预言深感兴趣。

　　在日常生活中，仅凭感觉，我们是很难理解狭义相对论的，这就是我们觉得该理论深奥枯燥的根本原因。我们日常接触的物体，其运动速度远远小于光速，有很多表面看起来几乎静止的物体。我们根本无法觉察到爱因斯坦相对论所描述的相对性效应，如长度变短和时钟变慢。

　　但是，如果接近光速的运动能变成现实的话，将出现另一番景象。一个以接近光速运动的人，在另一个静止的观察者看来，就可能只是一条线。甚至，你连一条线的痕迹也抓不住，因为你的目光还没来得及聚焦，他已经消失得无影无踪了。

　　根据狭义相对论，我们还能知道，如果一个人乘坐光子火箭去宇宙空间旅行，一年后他回来，很可能发现地上的一切已是物是人非，而他自己却没有多少变化。

　　中国古代就有"天上方一日，人间已一年"的说法，我们的祖先也很聪明，不知是偶然想到还是深思熟虑，千年以前的话费人思量。千年以来，谁也没有弄明白时间的相对性现象，只是觉得非常有趣。现在，爱因斯坦的狭义相对论才解释清楚了这一古老说法的深远意义。

　　据说，有一次，一些大学生围住爱因斯坦，让他用更通俗的语言对时间的相对性做出解释。爱因斯坦考虑了一下，风趣地说："我打个比方，比如你屁股坐在火炉上烤和坐在公园柳荫下和心爱的人谈情说爱，同样的时间你觉得哪一个更长？"大学生们异口同声地说："当然是坐在火炉上烤的时间更长了。"爱因斯坦哈哈大笑，说："这就是我的时间的相对性原理。"这个故事形象地说明，时间和空间都是相对而言的。

六、弯曲的时空：广义相对论

1907 年，在友人的建议下，爱因斯坦提交了他的论文，希望能申请到苏黎世联邦理工学院的编外讲师职位。但没有人能看懂他的论文。许多有名望的人开始为他鸣不平，苏黎世联邦理工学院也开始醒悟，第二年让爱因斯坦当上了编外讲师。

1909 年，爱因斯坦离开伯尔尼专利局，任苏黎世大学理论物理学副教授。1911 年，他任布拉格德语大学理论物理学教授。1912 年，他又回到母校，任苏黎世联邦理工学院教授。1913 年，应普朗克之邀，爱因斯坦来到德国，担任新成立的威廉皇家物理研究所所长和柏林大学教授。

爱因斯坦的狭义相对论成为当时物理学界革命性的成果。正当人们对他的这一成果议论纷纷时，他又向着新的目标前进了。

1. 理论基础

爱因斯坦力图把相对性原理的适用范围推广到非惯性系。1907 年，他发表了长篇论文《关于相对性原理和由此得出的结论》，论文指出，自然规律与参照系的运动状态无关，相对性原理不仅对做匀速运动的参照系成立，而且对做加速运动的参照系同样成立。

我们或许还记得，伽利略曾在实验中证明，在引力场中，一切物体都具有相同的加速度，与它们的组成、结构和质量大小无关。绝大多数人只用接受的眼光看问题，爱因斯坦却用发现的眼光看问题，他从伽利略的这一发现中找到了突破口，这意味着惯性质量与引力质量相等。据此，爱因斯坦提出了等效原理：引力场同参照系的相当的加速度，在物理上完全等价。这样他就把相对性原理扩大到匀加速的参照系中，并指出匀加速的参照系和均匀引力场等效。到这时，离提出广义相对论就差那么一小步了。

等效原理的发现给爱因斯坦带来了一段愉快的时光，但以后的工作却十分艰苦，并且走了很多弯路。1911 年，他分析了刚性转动圆盘，意识到引力场中欧氏几何并不严格有效。同时他还发现洛伦兹变换不是普遍适用的，等效原理只对无限小的区域有效，等等。这时的爱因斯坦离提出广义相对论已经不远，但他还缺乏建立广义相对论所必需的数学基础。

1912 年，爱因斯坦回到母校苏黎世联邦理工学院工作。在格罗斯曼的帮助下，他在黎曼几何和张量分析中找到了建立广义相对论的数学工具——格罗斯曼总是在他最需要的时候助他一臂之力。

经过一年的努力，爱因斯坦于 1913 年发表了重要论文《广义相对论纲要和引力理论》，提出了引力的度规场理论。这是首次把引力和度规结合起来，使黎曼几何获得实在的物理意义。

不过，他们当时得到的引力场方程只对线性变换是协变的，还不具有广义相对论原理所要求的任意坐标变换下的协变性。这是由于爱因斯坦当时不熟悉张量运算，错误地认为，只要坚持守恒定律，就必须限制坐标系的选择，为了维护因果性，不得不放弃普遍协变的要求。

1915 年，爱因斯坦完成了总结性论文《广义相对论的基础》的写作。这篇论文的发表标志着广义相对论的诞生。

广义相对论实际上是关于空间、时间与万有引力关系的理论。它指出，空间和时间不能离开物质而独立存在，空间的结构和性质取决于物质的分布。

狭义相对论指出，时间、空间是一个整体，就是我们常说的四维时空。广义相对论进一步指出，物质的存在会使四维时空发生弯曲，万有引力并不是真正的力，而是时空弯曲的表现。如果物质消失，时空就会回到平直状态。

广义相对论认为，质点在万有引力作用下的运动，如地球上的自由落体、行星围绕太阳的运动等，是弯曲时空中的自由运动（惯性运动）。它们在时空中描出的曲线，虽然不是直线，却是直线在弯曲时空中的推广（短程线），就是两点之间的最短线。当时空恢复平直时，短程线就成为通常的直线。

太阳的存在使四维时空发生了弯曲，行星围绕太阳运动，就是在弯曲时空中的惯性运动，行星轨道是四维时空中的短程线。

爱因斯坦认为，在引力场的区域，空间的性质不再服从欧氏几何，而是遵循非欧几何。广义相对论指出，现实的物质空间不是平直的欧几里得空间，而是弯曲的黎曼空间（即三角形三个内角之和大于180°、曲率为正的空间），它的弯曲程度取决于物质在空间的分布情况。物质密度大的地方，引力场的强度也大，空间弯曲得也厉害，时间也会相应地变慢。

广义相对论认为，由于有物质的存在，时间和空间会发生弯曲，而引力场实际上是一个弯曲的时空。

1905年爱因斯坦创立狭义相对论时，有关条件已经成熟，洛伦兹、庞加莱等都已接近发现狭义相对论。而爱因斯坦在1915年创立广义相对论时，还没有任何人能与他竞争，他远远超越了那个时代的其他科学家。

广义相对论非常深奥，许多科学家难以理解。做过"以太"漂移实验的迈克尔孙就是其中之一。有一次，迈克尔孙对其他人说，想不到他（指爱因斯坦）的实验竟会引出相对论这么个"怪物"。迈克尔孙不理解也情有可原，在他那个时代，绝大多数物理学家不理解爱因斯坦的相对论，特别是广义相对论。

2. 三个预言

广义相对论如此深奥难懂，要使人相信并接受这一理论并非易事，必须取得实验上的有力证据。当时缺少的就是实验数据的支撑。在广义相对论创立之初，几乎没有实验结果能证明它的正确性，所以，才会有人说"广义相对论是理论物理学家的天堂，是实验物理学家的地狱"。

爱因斯坦也考虑到了这一点。为了证明广义相对论，他根据这一理论做出了三个预言。

严格地说，第一个不算预言，而是解释了水星近日点的进动。天文学家在 1859 年就发现了水星近日点的进动，从那之后，人们一直在思考，水星为什么每百年有 43 角秒的进动？曾有人怀疑这是由一颗未发现的行星引起的，但天文学家一直没有观测到这颗行星。牛顿力学也无法解释这一现象。爱因斯坦通过广义相对论的计算得出，是太阳引力使空间弯曲，结果造成了水星近日点每百年有 43 角秒的进动。

第二个预言是光谱线的引力红移。即在强引力场中，光谱应向红端移动。20 世纪 20 年代，这一预言被天文观测所证实。

第三个预言是引力场使光线偏转。这一预言最引人注目。因为这一预言意义最大，天文观测数据最充分。

我们知道，即使是最遥远的星系，也会有若干星光到达地球。它们在前进的路上，会碰到一些障碍，或者说会受到引力场的制约，进一步说，就是强大的引力场会使星光偏转。

爱因斯坦说，遥远的星光如果掠过太阳表面，将会发生 1.7 角秒的偏转。这个预言很难验证，因为实验很难做。白天的太阳太亮，根本看不到星光，晚上能看到星光时太阳又下山了。爱因斯坦也不是信口开河，这是他根据广义相对论进行计算推测出来的结果。天文学家们只能将信将疑。他们想赶快验证爱因斯坦的这一预言是否正确。不过，这要等机会。

这个机会终于来了。1919 年 5 月 29 日发生日全食。在英国天文学家亚瑟·斯坦利·爱丁顿（Arthur Stanley Eddington，1882—1944）的建议下，英国皇家学会派出了两支观测队，一支由爱丁顿带队，到西非的普林西比岛；另一支由天文学家克劳姆林带队，到南美的索布拉尔。

他们当然早就知道了日食的时间，提前安排，提前出发，提前到达目的地。在日全食的那一天，他们拍摄了在太阳周围能看到的恒星照片。爱丁顿把这些照片和在半年后的夜晚拍摄的同一位置天空的照片进行反复核对和比较，发现星光在太阳附近的确发生了偏转，而且偏转的数值与爱因斯坦预言的结果接近。

结果一公布，立即轰动了世界。当时，英国在庆祝第一次世界大战结束一周年。而《泰晤士报》在"科学的大革命"标题下报道了这一新闻。报纸把爱因斯坦与牛顿相提并论，甚至有人说，爱因斯坦已经超过了牛顿。

当时的英国皇家学会会长约瑟夫·约翰·汤姆逊在宣布这一重要结果时说："爱因斯坦的相对论是人类思想史上最伟大的成就，它不是发现了一个孤岛，而是发现了科学思想的新大陆。"

相对论提供的新的自然观，在其发展进程中，必然深刻地影响我们对于物质和宇宙的观念。在解释万有引力时，广义相对论用引力场中呈现弯曲的自然路径的理论去代替吸引力的观念，完全改变了我们关于广袤宇宙的看法。

如果采用欧几里得的空间与牛顿的时间，我们自然以为存在是无穷的，空间无限地延伸到最遥远的恒星以外，时间则通达过去与未来，一切都均匀而永恒地流逝着。但是，如果我们进入连续时空区，由于物质在空间的分布情况而造成时空的弯曲，我们就会进入另一个境界。时间或许仍然在无止境地流逝着，而空间的弯曲则告诉我们，宇宙似乎是有限的了。

七、梦想统一场理论

1915 年，爱因斯坦回到普遍协变的思想。他集中精力探索新的引力场方程，在一篇论文中，他得到了满足守恒定律的广义协变的引力场方程，但加了一个不必要的限制。在另一篇论文中，他根据新的引力场方程，推算出光线经过太阳表面所发生的偏转是 1.7 角秒，同时还推算出水星近日点每 100 年的进动是 43 角秒，成功地解决了 60 多年来天文学的一大难题。

1916 年，爱因斯坦在研究引力场方程的近似积分时发现，一个力学体系变化时必然发射出以光速传播的引力波，从而提出引力波理论。约 60 年后，引力波的存在得到了间接证明。

1917 年，爱因斯坦用广义相对论的结果来研究宇宙的时空结构，发表了开创性的论文《根据广义相对论对宇宙所做的考察》。论文分析了"宇宙在空间上是无限的"这一传统观念，指出它同牛顿引力理论及广义相对论都是不协调的。他认为，可能的出路是，把宇宙看作一个具有有限空间体积的自身闭合的连续区。由此得出了一个重要推论，即宇宙在空间上是有限无边的。在人类的科学思想史上，这是一个大胆的创举，它使宇宙学摆脱了纯粹的猜想和思辨状态而进入现代科学领域。

构筑了广义相对论的大厦之后，爱因斯坦依然感到不满足，他要把广义相对论再加以推广，使它不仅包括引力场，也包括电磁场。他认为，这是相对论发展的第三个阶段，统一场论就是在这个思想背景下提出来的。

1925 年以后，爱因斯坦全力以赴去探索统一场论。开头几年他非常乐观，以为胜利就在眼前，后来才发现困难重重。他认为现有的数学工具不够用，于是，从 1928 年开始转入纯粹数学的探索。他尝试了各种方法，但都没有取得具有真正物理意义的成果。

在此后的二十多年里，除了关于量子力学的完备性、引力波以及广义相对论的运动问题以外，爱因斯坦几乎把他的全部精力用于统一场论的探索。

统一场理论成为晚年爱因斯坦梦想超越的高峰，但他最终没能如愿。由于他远离了当时物理学研究的主流方向，想独自去搬走一座大山。因此，在物理学界，晚年的爱因斯坦非常孤单，甚至有些孤立。可他依然无所畏惧，毫不动摇地走自己认定的道路，直到临终的前一天，还在病床上准备继续统一场理论的数学计算。

虽然爱因斯坦对统一场论的研究没有成功，但统一场论的思想还是给了人们很大启发。

八、成 名 之 后

经过媒体的广泛宣传，爱因斯坦成了世界名人。一时间，记者蜂拥而至，签名索求不止。有人想索要他的照片，有人想研究他的大脑。很多国家向他发出了访问的邀请。爱因斯坦每到一地，都受到国王一样的待遇。很多人想，只要能亲自看一看爱因斯坦就心满意足了。

但是，怀疑相对论的也不乏其人，特别是在德国。1921 年，爱因斯坦获得了诺贝尔物理学奖。这个奖的得来也是一波三折。

历史记载，当时爱因斯坦获奖还遇到了不少阻力。德国的一些诺贝尔奖获得者威胁说，如果给相对论授奖，他们就要退回已获得的奖章。瑞典皇家科学院诺贝尔奖评审委员会没办法，只得采取了折中方案，以光电效应理论的创建为爱因斯坦颁奖。

爱因斯坦曾经对别人说："如果我不发现狭义相对论，5 年内肯定会有人发现它。如果我不发现广义相对论，50 年内也不会有人发现它。"当时的状况的确如此。

爱因斯坦的名字跟相对论联系在一起。直到今天，理解相对论也不是一件容易的事情。

成了世界名人后，在世界各地访问就成了爱因斯坦经常要做的事情。但在德国，他不受欢迎，日益高涨的排犹运动使爱因斯坦忧心忡忡。1933 年，希特勒上台执政，由于爱因斯坦是犹太人，又反对法西斯主义，理所当然地就成了纳粹镇压的对象。当纳粹分子抄他的家的时候，他正在美国访问讲学。听到这个不幸的消息，他彻底离开了德国。很多大学和研究所向他伸出了橄榄枝，美国新泽西州普林斯顿高

爱因斯坦

等研究院就等着他加盟。

1952 年，刚建国不久的以色列政府请爱因斯坦出任以色列国的总统，从这件事情可见爱因斯坦的盛名。不过，爱因斯坦很冷静，也很理智。他对来使说："关于自然，我了解一点；关于人，我几乎一点都不了解。我这样的人，怎么能当总统呢？"

1955 年 4 月 18 日，爱因斯坦在普林斯顿的家中去世。他走得很安静，甚至走得很寂寞。除了最亲近的几个人外，其他人都不知道。用德国著名诗人歌德写的一首诗来形容爱因斯坦的一生也是很贴切的，虽然这首诗是歌德为悼念亡友席勒而写。

> 阅读他的一生，
> 我们全都获益匪浅，
> 全世界都感谢他的教诲；
> 那专属他个人的东西，
> 早已传遍广大人群。
> 他像行将陨灭的彗星，光华四射，
> 把无限的光芒同他的光芒永相结合。

他被公认为是自伽利略、牛顿以来最伟大的科学家和思想家之一，是现代物理学的开创者和奠基人。相对论的提出是物理学领域的一次重大革命，它否定了经典力学的绝对时空观，深刻地揭示了时间和空间的本质属性，也发展了牛顿力学，将其概括在相对论力学之中，推动物理学发展到一个新的高度。就是这样一位被美国《时代周刊》评选为"世纪伟人"的人，却说自己不过是自然中一个极微小的部分。

九、启示作用

爱因斯坦是伟大的科学家，是富有哲学头脑和探索精神的杰出的思想家，是有高度社会责任感的人，是多才多艺和富有生活情趣的人。他甚至超越了家庭、超越了国界而关注整个人类的命运。这些评语意味着我们正在赋予爱因斯坦更多美丽的甚至充满神性的光环，把一个人性格的两重性和人生观的两重性忘记了。

当我们说爱因斯坦4岁还不会说话和中学成绩平庸时，在我们的心里，爱因斯坦是那么可爱和特异，似乎那些不再是缺点，这多多少少映衬着我们的心之向往和情感寄托。

事实上，爱因斯坦小时候未必那么愚笨，他可能只是不引人注目，说话也不够伶俐，但他的天分和后来的勤奋是不可忽略的因素。明白了这一点，我们也就能明白自己在社会的定位和在未来发展中所扮演的角色了。

第**十四**章

量 子 历 程

"黑体辐射"是一个经典热力学难题，正是对这一难题的研究导致了量子论的诞生。

在经典物理学框架内，能量是一种连续变化的物理量，而在量子世界里，能量变化是不连续的。第一个提出量子假说的物理学家普朗克也曾在连续与间断（或跳跃）之间犹豫过。

历史最终将量子论推到了科学的前沿。很多理论物理学家为此做了大量卓有成效的工作，除普朗克外，还包括爱因斯坦、卢瑟福、玻尔、德布罗意、海森堡、薛定谔等，他们无一例外都是站在理论前沿的学术大腕。

　　"以太"漂移实验结果导致爱因斯坦的相对论诞生，使物理学在大尺度空间超越了牛顿所处的时代；"黑体辐射"导致量子论诞生，由此逐步创立了量子力学，使物理学在微观领域超越了古典的思想观念，从而实现人类对自然界认识的一次飞跃。

一、普朗克：量子论的诞生

　　最先提出量子理论的是德国物理学家普朗克。普朗克一直关注"黑体辐射"问题，他认真研究了产生这一现象和对这一现象解释的来龙去脉，发现"黑体辐射"能量分布的维恩公式和瑞利-金斯公式的优缺点正好具有互补性。

　　受此启发，普朗克就想把维恩公式和瑞利-金斯公式统一到一个公式中，以便说明"黑体辐射"能量与波长（包括长波和短波）的关系。经过一番努力，普朗克终于找到了一个公式，而且，他的计算值在长波部分和短波部分均与实验吻合。

　　1900年10月9日，在德国物理学会上，普朗克公布了他的新公式。但他的公式缺乏理论依据，而且，根据公式计算的结果是经典物理学没法解释的。

　　普朗克想，假设"黑体辐射"中的能量不是连续的，而是以一定数值的整数倍跳跃式地变化，即在辐射的发射和吸收过程中，能量不是无限可分的，而是有一个最小的单元，那么，他的公式就能得到非常合理的解释。普朗克把这个不可再分的能量单位称为"能量子"或"量子"。

1900 年 12 月 14 日，普朗克向德国物理学会宣读了题为"关于正常光谱能量分布定律的理论"的论文，提出了后来所称的量子假说。这篇论文的公布标志着量子论的诞生。

当我们说能量是不连续时，就意味着我们的思想基础已经远离了经典物理学的框架，我们的视野也远远超出了"自然界无跳跃"的常识。量子论提出之初，物理学界对它反应冷淡，普朗克也有些犹豫，曾几度想退回到经典物理学的立场上去。

二、爱因斯坦闯入量子世界

但有些目光敏锐的科学家还是给予了普朗克很大的支持，这对摇摆不定的普朗克是一种安慰。在这些科学家中，对量子概念加以扩充、对量子思想起推动作用的首推爱因斯坦。

1905 年 3 月，爱因斯坦写了一篇论文《关于光的产生和转化的一个推测性观点》。在这篇论文中，爱因斯坦把普朗克的量子概念扩充到光在空间的传播，提出了光量子假说。

爱因斯坦说："对于统计的平均现象，光表现为波动；对于瞬时的涨落现象，光表现为粒子。"爱因斯坦关于光量子的假说结束了自惠更斯和牛顿以来关于光的本质的长期争论。

爱因斯坦的论文揭示了波动性和粒子性的统一，这在人类历史上还是第一次。后来的物理学发展表明，波粒二象性是整个微观世界最基本的特征。爱因斯坦在论文中用他提出的光量子概念游刃有余地解释了光电效应现象，推导出了光量子的最大能量与入射光频率之间的关系。10 年之后，物理学家密立根用实验证明了这一关系。

　　光量子论提出之初，赞誉者寥寥，倒是有很多反对的声音，这其中就包括曾热情支持过狭义相对论的普朗克，直到 1913 年，普朗克还说光量子假说是爱因斯坦的失误。

　　但爱因斯坦并没有因此放弃心中的希望——这正是进行科学研究所需要的品格。1906 年，他把量子概念扩展到物体内部的振动上，基本说明了低温条件下固体的比热容与温度之间的关系。1912 年，他把光量子概念用于光化学现象，建立了光化学定律。1916 年，他发表了《关于辐射的量子理论》，这篇论文综合了量子论发展的成就，提出了辐射的吸收和发射过程的统计理论，借用玻尔 1913 年提出的量子跃迁概念，推导出了普朗克的辐射公式。

　　在量子论提出约 10 年后，爱因斯坦以出色的工作使这一思想得到科学界的认可，使这一理论得到实质性的发展。后来，德布罗意提出物质波理论，埃尔温·薛定谔（Erwin Schrödinger，1887—1961）建立波动力学，都是受到爱因斯坦光量子论所揭示的波粒二象性概念的启发。爱因斯坦就是这样一位伟大的科学家，他不是扛旗的人，却是旗手；他不曾领导过一个人，却是领袖。

三、卢瑟福：原子结构的"有核模型"

　　19 世纪末，原子不可分的思想已经没有了市场。元素放射性和电子的发现仅仅是打开了原子世界的那扇大门，但它的内部结构的细节问题并没有解决。

　　当时出现了不少原子结构的模型，比较重要的有布丁模型、土星环模型等，但从这些模型出发所做的预言与实验观测不符。

　　1909 年，在新西兰物理学家欧内斯特·卢瑟福（Ernest Rutherford，1871—1937）指导下工作的两位物理学家汉斯·盖革（Hans Geiger，

1882—1945）和欧内斯特·马斯登（Ernest Marsden，1889—1970）发现了一个惊人的现象。当把一束 α 射线射向一张薄金箔时，大部分粒子直接穿过了金箔，而少数粒子几乎是沿着它们来的方向直弹回来。

卢瑟福后来说："这是我所见过的最不可思议的事件……就像是向一张薄纸发射一枚 15 英寸 ① 的炮弹，而炮弹却反弹回来把你击中了，这太难以相信了。"这就是有核模型的实验基础。

卢瑟福正是根据 α 粒子散射实验的结果和计算提出了原子结构的有核模型（又称行星模型），即原子是由带正电荷、质量很集中、体积很小的原子核和在它周围运动着的带负电荷的电子组成的，就像行星绕太阳运转的一个体系。卢瑟福的原子模型充分体现了人类的想象力。

在今天的物理或化学教科书中，卢瑟福的原子模型还是重要知识点。但在当时，这个模型一出笼，就遭到很多科学家的反对。他们说，有核模型违背了经典物理学的基本思想。

经典电磁理论认为，任何做加速运动的电荷都要辐射出电磁波。因此，这里就会产生一个问题：在卢瑟福的原子模型中，所有的电子（包括氢原子的单个电子）是如何保留在轨道上的？

根据我们的常识，电荷加速运动时，就会辐射能量，即电磁辐射。即使是匀速的圆周运动也属于加速度运动，因为粒子的运动方向在不断变化。车在拐弯时，身体之所以会被甩向一边，就是因为这种加速度在起作用。

如果电荷呈现出圆周运动，它就会辐射能量。如果一个电子围绕原子核转动，它肯定会损失能量。因此，按照正常的逻辑，电子在围绕原子核转动时应该辐射出能量，从而使其轨道呈螺旋形收缩，最终落到原子核上。照此推理下去，当每个原子发生辐射时，就会立即瓦解。换句话说，原子最终会毁灭。

但是，原子并没有毁灭。不仅没有毁灭，很多原子的寿命还非常长。打个比方，除了极少数放射性元素的原子外，绝大多数原子的寿命几乎可以用"永恒"一词形容。还有一个问题，就是当时的光谱学

---

① 1英寸=0.0254米。

家发现，原子光谱也是不连续的。面对这些事实，卢瑟福无计可施。

四、玻尔的原子殿堂：哥本哈根学派

就在卢瑟福进退两难之际，丹麦物理学家尼尔斯·亨利克·戴维·玻尔（Niels Henrik David Bohr，1885—1962）解决了原子为什么没有毁灭的问题。那是1913年，玻尔在卢瑟福的实验室做访问研究，虽然他只在那里待了几个月，却做了一项重要的工作，他提出了一种量子化的原子结构理论。

在普朗克量子论和爱因斯坦光子论的启发下，玻尔把老师卢瑟福的原子模型加以改造，提出了玻尔原子模型。其主要思想表现在两个方面。

第一，在卢瑟福原子模型的基础上，加上了电子只在特定轨道上环绕原子核高速运动，这时候，原子不辐射能量。这实际上就是我们常说的基态。但在能量的作用下，内层轨道的低能量电子就会被激发到更高能量的外层轨道上，这种状态就是激发态。

第二，当电子从离核较远的轨道返回到离核较近的轨道上（也叫跃迁）时，原子便以电磁波的形式放出（或辐射）能量，能量大小取决于轨道位置（或轨道离核远近）。因为轨道是不连续的，所以原子辐射的能量也是不连续的。

玻尔的原子模型成功地解释了氢原子光谱，也帮助人们理解了描述氢原子光谱线型的巴尔末公式。同时，从玻尔的原子模型出发，还推导出了原子半径。

玻尔的原子模型提出后，立即得到了卢瑟福的称赞。玻尔不仅给卢瑟福解了围，更重要的是，这一模型揭示了原子结构的奥秘。玻尔对氢原子光谱的成功解释，大大提高了量子论的影响，促进了量子思想的传播。所以，玻尔是另一个对量子论的推广和发展做出过伟大贡献的物理学家。

爱因斯坦曾说，玻尔理论是"伟大的进展之一"。1922 年，玻尔荣获诺贝尔物理学奖。

在玻尔的理论中，提出了"轨道定态""量子跃迁"等概念，玻尔的思想把人们带出了经典物理学所面临的窘境，在量子力学的孕育成型方面发挥了重要作用。所以，科学史家阿布拉罕·派斯（Abraham Pais，1918—2000）也称玻尔是量子论的三位元老之一，另外两位元老分别是普朗克和爱因斯坦。

1920 年，哥本哈根大学创立了理论物理研究所，玻尔任所长达 40 年之久。所以，人们也把这个研究所称为玻尔研究所。长期以来，玻尔研究所就是量子力学的大本营。在 1922—1932 年的 10 年间，许多著名科学家在这里工作过，如德国犹太裔理论物理学家马克斯·玻恩（Max Born，1882—1970）和沃纳·卡尔·海森堡（Werner Karl Heisenberg，1901—1976），奥地利物理学家沃尔夫冈·泡利（Wolfgang E. Pauli，1900—1958），以及英国理论物理学家、量子力学的奠基者保罗·狄拉克（Paul Adrien Maurice Dirac，1902—1984）等，他们在玻尔的领导和影响下，形成了一个重要的学派，即哥本哈根学派。

玻尔研究所里经常云集着五六十名外国学者，他们在此工作或进行短期访问。有人统计过，全世界有 30 多个国家的近千名科学家在这里学习和工作过，从这里走出去的科学家中，有 7 位获得了诺贝尔奖。

有人曾问玻尔："为什么你这里能聚集那么多有才能的年轻人？"玻尔回答说："没有什么秘诀，只有一点是清楚的，我不怕在年轻人面前暴露自己的愚蠢。"玻尔的回答很本真，从中可见玻尔的平易近人。

五、德布罗意：物质波

玻尔的原子模型有力地推动了量子理论的发展，但并没有解决全部问题。玻尔理论只能解释氢原子的光谱，却无法解释比氢原子更复杂的多电子原子的光谱线型。量子理论的发展碰到了难题，等待着人们去突围。

首先突出重围的是法国理论物理学家、波动力学的创始人德布罗意。1923 年，德布罗意产生了把爱因斯坦的光的波粒二象性推广到描述其他微观粒子上去的想法。德布罗意说："整整一个世纪以来，在光学上，人们注重波动而忽略了粒子的图像，在实物粒子的研究上恰恰相反。"基于此，德布罗意走了一条中庸的路线，把两种倾向进行了适当融合，从而提出了物质波的假说。

1923 年 9—10 月，德布罗意连续发表了三篇论文。他在论文中指出，爱因斯坦提出的光量子能量公式，不仅适合于光，也适合于像电子这样的实物粒子。这些实物粒子不仅有粒子性，而且有波动性。德布罗意预言，电子穿过小孔时，会像光一样出现衍射现象。

1924 年，德布罗意在他的博士论文《关于量子理论的研究》中更加深入地阐述了物质波的思想，从而导致量子力学的诞生。爱因斯坦和朗之万等物理学家对德布罗意的工作给予大力支持和很高评价。德布罗意的电子衍射预言在 1927 年也得到实验验证。德布罗意因为此项研究荣获 1929 年的诺贝尔物理学奖。

后来的实验证实，波粒二象性不仅适合光子和电子，也是所有微观粒子的本质特征。德布罗意晚年曾回忆了波粒二象性的产生过程："在经过长期孤寂的思索和遐想之后，我突然想起了爱因斯坦在1905年的工作，应该把光的波粒二象性扩展到一切微观粒子，特别是电子。"

六、海森堡的"大量子蛋"：矩阵力学

量子力学的第一种有效形式是矩阵力学，是由德国著名物理学家、量子力学的创始人之一海森堡首先提出的，是在克服了玻尔的原子结构模型局限性的基础上产生的。

1901年，海森堡出生于德国维尔兹堡，父亲是大学教授。1920年，海森堡进入慕尼黑大学学习物理学，师从著名物理学家阿诺德·索末菲（Arnold Sommerfeld，1868—1951）。读大学时，海森堡就有一种敢于创新、不盲目听从名家的勇气和精神。他常常向自己的老师提出尖锐的问题并跟他们展开深入的讨论。他有一句名言："科学扎根于讨论。"正是这种勇于探索的精神，使他最终在理论物理学方面做出了伟大贡献。

1922年的玻尔已经大名鼎鼎，当时，应邀到德国哥廷根大学做一系列关于原子物理学的演讲，每次演讲后都要进行热烈的讨论。在一次讨论中，年仅20岁的海森堡站起来对玻尔的某些论点提出异议，并和玻尔进行辩论。玻尔十分欣赏海森堡的勇气和探究精神，讨论结束后，还和海森堡一起散步。与玻尔的那次散步，对海森堡的启发很大。后来他说，那次散步是他成长的起点。

1924年冬，海森堡来到了哥本哈根，在玻尔那里做访问研究。在几个月的时间里，他整天考虑的就是量子理论。

海森堡认为，玻尔的原子模型是不可观测的，或者说是虚构的。

因为人们只知道原子所发出的光的频率和强度两个值，而并不知道其他的物理量。海森堡想在这方面取得突破，他想实现从假说到理论的飞跃。

1925 年，海森堡大胆抛弃了玻尔的轨道概念，在可观察到的原子发出的光的频率和强度这些物理量的基础上，以代数为工具，利用数学上的矩阵方法，提出了一套方案。后来，海森堡的老师玻恩和其他物理学家进一步完善了他的方案。海森堡创立矩阵力学时年仅 24 岁。

矩阵形式的量子力学公布后，泡利用它来处理氢原子光谱，算出的结果与实际完全符合，从而证明了新理论的正确性。接着，物理学家用它处理过去令人困惑不解的原子的光谱问题，都获得了成功。于是，这一理论很快就在物理学界传播开了。爱因斯坦曾风趣地说："海森堡生了一个大量子蛋。"话语中洋溢着爱因斯坦的高度赞誉。

1927 年 10 月 24—29 日，在比利时布鲁塞尔召开的第 5 届索尔维会议上，物理学大师聚首一堂。在这次会议上，爱因斯坦和玻尔就量子力学问题进行了一场激烈的"决斗"。可以肯定，世界上没有哪一次会议像这次会议一样集中了数量如此之多、水平如此之高的人类精英。

当时的会议议程如下：首先，英国物理学家劳伦斯·布拉格[①]（Lawrence Bragg，1890—1971）做关于 X 射线的实验报告；然后，美国著名物理学家康普顿（Arthur Holly Compton，1892—1962，获得 1927 年度诺贝尔物理学奖）报告康普顿实验及其与经典电磁理论的不一致。接下来，德布罗意做量子力学的演讲，主要是关于粒子的德布罗意波。随后玻恩和海森堡介绍量子力学的矩阵理论，而薛定谔介绍波动力学。最后，玻尔在科莫演讲的基础上再次做关于量子公设和原子新理论的报告，进一步总结互补原理，为量子论打下完整的哲学基础。

这次会议议程本身就是量子论的一部微缩史，参会物理学家明显地分成三派，即只关心实验结果的实验派：布拉格和康普顿；哥本哈根

---

① 劳伦斯·布拉格因在用X射线研究晶体结构方面所做出的杰出贡献，与其父亲亨利·布拉格共同获得了1915年度的诺贝尔物理学奖。

派：玻尔、波恩和海森堡；哥本哈根派的"死敌"：德布罗意、薛定谔，以及坐在台下的爱因斯坦。参加会议的学者中，还有唯一的女性——居里夫人。参与这次会议的 29 人中，共有 17 人获得了诺贝尔奖。

七、薛定谔方程：波动力学

普朗克的工作为量子论的诞生奠定了基础，他的量子假说标志着量子论的正式诞生。而量子力学的创立主要沿着两条路线完成，第一条从玻尔到海森堡；第二条从爱因斯坦到德布罗意，再到薛定谔。

矩阵形式的量子力学问世不久，沿着第二条路线创立的量子力学形式也接近完工。它就是波动力学，其核心是由薛定谔创立的波动方程，我们一般称之为薛定谔方程。

薛定谔于 1887 年 8 月 12 日出生于奥地利维也纳，1906 年在维也纳大学学习物理学，1910 年获博士学位。据说薛定谔兴趣广泛、多才多艺，喜欢语法、诗歌、戏剧等，会说 4 种语言，还出版过诗集。不过，数学和物理才是薛定谔的最爱。

1925 年，在爱因斯坦关于单原子理想气体的量子理论和德布罗意物质波的启发下，薛定谔从经典力学和几何光学的类比出发，提出了应用于波动光学的波动力学方程，奠定了波动力学的基础。

薛定谔最初试图建立一种相对论性理论，但由于当时还不知道电子的自旋性能，所以，用这一理论处理氢原子光谱精细结构的结果与实验数据不符。后来他又改用非相对论性波动方程处理电子，得到了与实验数据相符的结果。

在这个基础上，薛定谔建立了电子运动状态的量子力学方程，就是我们通常所说的薛定谔方程，这种数学方程形式的量子力学，就是波动力学。

　　量子力学创立之初，支持波动力学和矩阵力学的人还有过一段时间的争执，他们都认为对方的理论有缺陷。但在争执中，他们越来越发现波动力学和矩阵力学存在一致性。

　　1926 年，薛定谔经过认真研究后发现，两种理论在数学上完全等价。从此，就把这两大理论统称为量子力学。只是薛定谔的波动方程更好懂些，所以入选教科书而成为量子力学的基本方程。

　　由于海森堡和薛定谔的量子力学都没有考虑相对论效应，在解释微观粒子的运动状态方面存在不足。1928 年，英国物理学家狄拉克把相对论引进了量子力学，建立了相对论形式的薛定谔方程，即我们常说的狄拉克方程，使得量子力学成为完整的理论体系。

八、海森堡：测不准原理

　　量子力学的理论体系虽然已建立起来，但对于它的物理解释却不一样。薛定谔起初试图把波函数解释为三维空间中的振动振幅，把粒子解释为波的某种密集（"波包"）。玻恩认为，波函数表示的是粒子在一定时间和一定空间出现的概率。

　　1927 年，海森堡提出测不准原理。他认为，任何一个粒子的位置和动量不可能同时准确测量，或者说，位置测量得越准确，动量测量的误差就越大；反之亦然。这是由微观粒子的本性所决定的。海森堡的测不准原理和玻恩的波函数概率解释共同奠定了量子力学的物理基础。

　　玻尔敏锐地意识到，这正表征了经典概念的局限性。他把玻恩、海森堡的观点提高到哲学高度，提出了互补原理。这样，经典的决定论的因果律在量子系统中不再成立，我们只能了解粒子出现的概率，不能确定某个粒子在某时某处是否一定出现。这就是量子力学的统计解释或概率解释。

玻尔的互补原理被称为哥本哈根学派的正统解释。但爱因斯坦不同意，他说："上帝绝不会用掷骰子的形式来行使自己的权力。"爱因斯坦始终认为，统计性的量子力学是不完备的，而互补原理是一种"绥靖哲学"。

九、科学是一把双刃剑

20世纪上半叶，在理论物理学方面，诞生了相对论和量子力学，除此之外，还发展了核物理学、粒子物理学等多个分支学科，这些分支学科的产生和发展，构成了现代物理学的参天大树，现代物理学给20世纪带来的最直接、冲击力最大的就是原子弹的出现。这个过程运用了现代物理学的各分支学科知识。

原子弹的成功爆炸再一次说明，科学是一把双刃剑，如果使用不当，就会伤及人类自身。古今中外，概莫能外。

第十五章

霍金的宇宙思想

　　霍金的《时间简史》高卧"神坛"，几乎成为至上科学的追求者心目中的《圣经》，霍金本人也成为时尚的符号，这也使艰深晦涩的《时间简史》成为一部风靡中国的畅销读物。但究竟有多少人能读懂霍金和他的《时间简史》，以及他的其他理论著作呢？

在本书即将结束前，笔者还想介绍一下英国理论物理学家霍金。他是站在物理学前沿的科学家，被誉为继爱因斯坦之后最杰出的理论物理学家。

史蒂芬·霍金（Stephen William Hawking，1942—2018），因患卢伽雷病（肌萎缩侧索硬化），几十年以来只能待在轮椅上，生活基本不能自理，甚至不能说话和用手写作。但他凭借着顽强的毅力和执着追求的精神，成为国际物理学界的超新星，其理论甚至超越了相对论、量子力学、大爆炸等而迈上创造宇宙最前沿的舞台。1942 年 1 月 8 日，霍金出生于英国牛津，这一天正好是伽利略逝世 300 周年纪念日。霍金现任剑桥大学卢卡逊数学讲座教授，牛顿、狄拉克等也曾经担任过这一职位。

一、为时间书写历史

在当代物理学的研究领域，广义相对论关注的对象是引力和宇宙的大尺度结构；量子力学感兴趣的却是极小尺度的微观世界。可惜的是，这两种理论不是互相协调的。在我们的时代，有一个人站在当代理论物理学的前沿，试图在这两种理论之间架起一座桥梁，这个人就是霍金。霍金正在为我们的思维世界构筑和完善的桥梁就是量子引力论和统一场理论。

对大多数人来说，霍金的思想仍然是相当陌生的，甚至带有某种玄学的色彩。他是第一个为时间书写历史的人，他是为数不多的卓有成效地为遥远的太空绘制理性蓝图的人，他是第一个坐在轮椅上思考宇宙是否有限的人。他把理论物理的研究推向了一个高峰，为关于宇宙天体和人类自身之缘起及演变的研究开创了一个里程碑式的新局面。他改变了我们对宇宙的看法，也必然要改变我们对人类自身的看法。

二、我们从何而来

"宇宙有无起点？宇宙是否永恒？"这些问题一直困扰着人类。20世纪20年代，美国天文学家爱德温·哈勃（Edwin Hubble，1889—1953）在威尔逊山上用100英寸的望远镜观测天象后发现，宇宙正在膨胀，星系之间的距离随时间流逝而增大。

"宇宙膨胀是20世纪重要的发现。"霍金说，"许多科学家仍然不喜欢宇宙具有开端，因为这似乎意味着物理学要崩溃了。人们不得不求助于外界的作用，去确定宇宙如何起始。"

对于"我们为何在此？我们从何而来？"的问题，霍金说："爱因斯坦的理论不能预言宇宙如何起始，它只能预言宇宙一旦起始后如何演化。"霍金和罗杰·彭罗斯（Roger Penrose，1931— ）用数学方法证明，如果广义相对论是正确的，那么宇宙就存在一个奇点，那是具有无限密度和无限时空曲率的点，时间从那里开始。

霍金认为，爱因斯坦的广义相对论将时间和空间统一成时空。但是时间仍和空间不同，它像一个通道，要么有开端和终结，要么无限地伸展出去。为了理解宇宙的起源，我们必须把广义相对论和量子理论结合在一起。他说："我们已经观察到，宇宙的膨胀在长期变缓后，将再次加速，现有的理论仍不能很好地解释这种现象。宇宙学是一门非常激动人心的学科。我们正接近回答古老的问题：我们为何在此？我们从何而来？"

三、霍金的时空观

走近霍金，意味着我们要走近霍金从独特的思维和视角为宇宙的过去和未来构筑的理性蓝图，即关于宇宙和时空的思想。为此，让我们稍稍回顾一下历史。

亚里士多德和牛顿观念的巨大差别在于，亚里士多德相信存在一种优越的静止状态，任何没有受到外力和冲击的物体都采取这种状态。牛顿运动定律使空间中绝对位置的观念告终，而相对论则摆脱了绝对时间。

几十年前，空间和时间仍然被认为是事件在其中发生的固定舞台，它们不受在其中发生的事件的影响。即便是在狭义相对论中，这也是对的。物体运动，力相互吸引并排斥，但时间和空间则完全不受影响地延伸着。空间和时间也很自然地被认为是永恒的、无边无际的。

然而，在广义相对论中，情况则完全不同。这时，空间和时间变为运动量。当一个物体运动或某种力起作用时，它影响了空间和时间的曲率；反过来，空间-时间的结构又影响了物体运动和力作用的方式。

在今后的若干年，对空间和时间的新的理解是对我们的宇宙观的一次深刻变革。古老的关于基本上不变的、已经存在并将继续存在无限久的宇宙的观念，已为运动的、膨胀的并且看来是从一个有限的过去开始并将在有限的将来终结的宇宙的观念所取代。

霍金从爱因斯坦广义相对论推断，宇宙必须有开端，并可能有终结。宇宙在空间上不是无限的，并且是没有边界的。宇宙膨胀后又坍缩，空间如同地球表面那样，弯曲后又折回到自己。

霍金的世界是由抽象的符号和深邃的思想构筑而成的。他的观点给我们的理论领地和思维王国以强烈的冲击和震荡，我们将因此而不得不抛弃过去一直以为正确的观念。

四、《时间简史——从大爆炸到黑洞》

1988 年，霍金的《时间简史——从大爆炸到黑洞》出版。该书从研究黑洞出发，探索了宇宙的起源和归宿，解答了人类有史以来一直探索的问题：时间有没有开端？空间有没有边界？许多人正是通过这本书知道了霍金。

霍金写给非专业人员的《时间简史——从大爆炸到黑洞》曾经荣登《纽约时报》畅销书榜达 53 周之久，荣登《星期日泰晤士报》畅销书榜达 205 周之久。客观地说，这本书虽然少了很多符号的表述和纯数学的推证，但仍然比较抽象。据说《时间简史——从大爆炸到黑洞》在英国竟售出 500 万册以上，并被翻译成 30 多种文字。

由于有了霍金，我们对宇宙的看法正在发生着深刻的变化。他对黑洞的开创性研究提供了宇宙源于何时这一难题之线索。时间有初始吗？它又将在何处终结？宇宙是否是无限的？霍金以其敏锐的思想展现了人类思维的世界图景。

霍金对遥远宇宙的探索、对时间和空间性质的探索是超凡的。他揭示了当日益膨胀的宇宙崩溃时，时间倒溯引起人们不安的可能性，那时宇宙将分裂成 11 维空间。

理论物理学家霍金

五、我们向何处去

那么，生命将向何处去？

对于智慧生命来说，一个强的热力学箭头是必需的。为了生存下去，人类必须消耗能量的一种有序形式（食物），并将其转化为能量的一种无序形式（热量）。所以，智慧生命不可能在宇宙的收缩相中存在，也就是说，不可能在一个绝对熵减少的系统内存在。这样就解释了为何我们观察到热力学和宇宙学的时间箭头指向一致。并不是宇宙的膨胀导致无序度的增加，而是无边界条件引起无序度的增加，并且只有在膨胀相中才会创造出智慧生命孕育成型的条件。

在一个看似具有无限空间和时间的宇宙里，只有在其十分有限的一定区域内，才存在智慧生命发展的必要条件。宇宙的演化孕育出生命、思维和智慧。

想一想吧，在十分遥远的太古时代，地球上也许只有极为原始的细菌生活在稀薄的大气层下。灼热的石头构成了远古世界的肌体，那是一个真正寂寞和荒芜的时代。大地洒满了灿烂的阳光。离我们最近的恒星——美丽的太阳在孕育着一切。

地球的海洋是宇宙演化的产物。最初的生命源于大海。它们中的一些后来爬上了陆地。到了中生代和新生代，像恐龙、始祖鸟、鱼龙、古象等大型动物相继出现，地球生物界呈现出空前的繁荣景象。人类则出现在新生代的第四纪。而今天呢？我们是否认真地想过这一问题：生命的荣衰和宇宙的演化是否有着必然联系？

六、宇宙学是新思想的摇篮

宇宙学和黑洞是霍金的两个主要研究领域。霍金在经典物理的框架中证明了广义相对论的奇性定理和黑洞面积定理，在量子物理的框架中发现了黑洞蒸发现象，并提出无边界的霍金宇宙模型。霍金的无边界宇宙模型是有史以来的第一个自足的宇宙模型。

宇宙学是新思想的摇篮。在不远的将来，几乎所有的物理定律都会在此得到超越和升华。今天，我们看到的宇宙之所以是这个样子，是因为如果它不是这样，我们就不会在这里去观察它。这就是著名的人择原理。

七、量子力学和相对论之后现代物理学的新进展

在量子力学和相对论之后，现代物理学又取得了新的进展。1919年，卢瑟福等科学家发现，用α粒子轰击氮核会放出质子，这是历史上首次用人工实现的核蜕变反应。此后用射线轰击原子核来引起核反应的方法逐渐成为研究原子核的主要手段。

在核反应的早期研究中，最主要的成果是1932年中子的发现和

1934 年人工放射性核素的合成。中子的发现为核结构的研究提供了支持。中子不带电荷，不受核电荷的排斥，容易进入原子核而引起核反应。因此，中子核反应成为研究原子核的重要手段。20 世纪 30 年代，物理学家通过对宇宙线的研究发现了正电子和介子，这些发现开创了粒子物理学的先河。

在此之前，科学家已在探讨加速带电粒子的方法。到 20 世纪 30 年代初，静电、直线和回旋等类型的加速器已粗具雏形，科学家在高压倍加器上进行了初步的核反应实验。利用加速器可以获得束流更强、能量更高和种类更多的射线束。此后，加速器逐渐成为研究原子核和应用技术的必要设备。

1939 年，德国放射化学家、物理学家奥托·哈恩（Otto Hahn，1879—1968）和德国物理学家弗里茨·斯特拉斯曼（Fritz Strassmann，1866—1938）发现了核裂变现象；1942 年，美国物理学家恩利克·费米（Enrico Fermi，1901—1954）建立了第一个链式裂变反应堆，这是人类掌握核能的开端。

过去，在对宏观物体的研究中，科学家知道，物质之间有电磁相互作用和万有引力两种长程相互作用。通过对原子核的深入研究，科学家又发现，物质之间还有两种短程相互作用，即强相互作用和弱相互作用。在弱作用下宇称不守恒现象的发现，是对传统的物理学时空观的一次重大突破。研究这四种相互作用的规律和它们之间可能的联系已成为粒子物理学的一个重要课题。

与此同时，宇宙学研究之路也在不断拓宽。宇宙学是研究宇宙的大尺度结构及其演化的学科。当我们沿着时间上溯、巡视遥远的太空深处时，我们看到了那些最遥远的星系，我们看到了很久很久以前它们的面貌，那时候，它们发出的光开始了其漫长的太空旅行。

宇宙学家研究宇宙中可观测的结构，这些结构包括巨大的星系团和太阳系，它们的起源属于天体演化学的领域。今天的宇宙结构与宇宙学不可分割地联系在一起。宇宙学家要解决的根本问题是，宇宙何时起源和怎样发端？星系如何形成并有了我们现今观测到的形态及尺度分布？恒星如何诞生？行星和生命如何演化？等等。

现代宇宙学是数学和物理学的代名词，它已经摒弃了宗教和纯哲学的观念和概念，而借助于现代物理实验技术和超级望远镜的观测，依托现代天文学，依托数学的最新理论模型研究宇宙深层次的问题。现代宇宙学的先驱和代表人物就是霍金。

霍金提出，宇宙的状态应由对一定种类历史的求和给出。这类历史由没有奇特、具有有限尺度却没有边界或边缘的弯曲空间组成。

霍金认为，只有当宇宙处于这个无边界状态时，科学定律自身才能确定每种可能历史的概率。因此，只有在这种情形下，已知的定律才会确定宇宙应如何运行。如果宇宙处于任何其他状态，则历史求和中弯曲空间的种类就要包括具有奇性的空间。人们必须求助于已知科学定律以外的某种原理，才能确定这种奇性历史的概率。这种原理就会是外在于我们宇宙的某种东西。科学家不能从我们的宇宙之中将其推导出来。如果宇宙是处于无边界状态，原则上，我们就能在不确定性原理容忍的限制之上完全确定宇宙应如何运行。

在这个无边界量子宇宙学体系内，已经没有了"造物主"或"上帝"的位置，这就意味着，我们的宇宙是演化而来的，而不是创造而来的，这同时还意味着人类才是万物之灵。从宇宙的起源开始，直到今天，科学家已经如此清晰地理解和表达了宇宙和人类的存在，这是一次真正的理性胜出。这一理解和表达在科学上的文化意义同样伟大。

参考文献

阿尔明·赫尔曼.1980.量子论初期史（1899—1913年）.周昌忠，译.北京：商务印书馆.

艾芙·居里.1984.居里夫人传.左明彻，译.北京：商务印书馆.

艾萨克·牛顿.2011.自然哲学的数学原理.曾琼瑶，王莹，王美霞，译.南京：江苏人民出版社.

奥古斯丁.2006.上帝之城.王晓朝，译.北京：人民出版社.

奥古斯丁.2009.忏悔录.周士良，译.北京：商务印书馆.

阿西摩夫.1988.古今科技名人辞典.北京：科学出版社.

贝尔纳.1982.科学的社会功能.陈体芳，译.北京：商务印书馆.

贝尔纳.1959.历史上的科学.伍况甫，等，译.北京：科学出版社.

埃伦·杜布斯.1988.文艺复兴时期的人与自然.陆建华，刘源，译.杭州：浙江人民出版社.

丹皮尔.1975.科学史及其与哲学和宗教的关系.李珩，译.北京：商务印书馆.

大召正则.1983.科学的历史.宋孚信，等，译.北京：求实出版社.

戴维·林德伯格.2001.西方科学的起源.王珺，刘晓峰，周文峰，等，译.北京：中国对外翻译出版公司.

杜石然，范楚玉，陈美东，等.1982.中国科学技术史稿（上、下册）.北京：科学出版社.

弗·卡约里.2010.物理学史.戴念祖，译.北京：中国人民大学出版社.

霍夫曼.1979.量子史话.马元德，译.北京：科学出版社.

卡罗尔·卡尔金斯.1984.美国科学技术史话.程毓征，王岱，孙云畴，译.北京：人民出版社.

库恩.1980.科学革命的结构.李宝恒，纪树立，译.上海：上海科学技术出版社.

老多.2010.贪玩的人类1：那些把我们带进科学的人.北京：科学出版社.

劳厄.1978.物理学史.范岱年，戴年祖，译.北京：商务印书馆.

李亚东.1984.科学的足迹.郑州：河南科学技术出版社.

李约瑟.1978.中国科学技术史.《中国科学技术史》翻译小组，译.北京：科学出版社.

理查德·费恩曼，莱顿，桑兹.2013.费恩曼物理学讲义.郑永令，华宏鸣，吴子仪，等，译.上海：上海科学技术出版社.

林成滔.2004.科学简史.北京:中国友谊出版公司.

穆耳.1982.尼尔斯·玻尔.暴永宁,译.北京:科学出版社.

莫里斯·戈德史密斯.1982.约里奥-居里传.施莘,译.北京:原子能出版社.

倪光炯,王炎森,钱景华,等.1999.改变世界的物理学.上海:复旦大学出版社.

《诺贝尔奖金获得者传》编委会.1983.诺贝尔奖金获得者传.长沙:湖南科学技术出版社.

乔治·伽莫夫.1981.物理学发展史.高士圻,译.北京:商务印书馆.

沙振舜,钟伟.2015.简明物理学史.南京:南京大学出版社.

斯蒂芬·梅森.1980.自然科学史.周煦良,等,译.上海:上海译文出版社.

汤浅光朝.1984.解说科学文化史年表.张利华,译.北京:科学普及出版社.

王福山.1983.近代物理学史研究.上海:复旦大学出版社.

吴国盛.1995.科学的历程(上、下册).长沙:湖南科学技术出版社.

亚里士多德.1983.形而上学.吴寿彭,译.北京:商务印书馆.

亚里士多德.1999.天象论·宇宙论.吴寿彭,译.北京:商务印书馆.

亚·沃尔夫.1984.十六、十七世纪科学、技术和哲学史.周昌忠,等,译.北京:商务印
　书馆.

亚·沃尔夫.1995.十八世纪科学、技术和哲学史.周昌忠,等,译.北京:商务印书馆.

中国科学院自然科学史研究所近现代科学史研究室.1985.二十世纪科学技术简史.北京:科
　学出版社.

后　记

　　本套丛书的写作花费了近三年时间，但与此有关的积累和准备工作远超过十年。对文学的爱好和对科学的执着使我找到了一个好的契合点，那就是尽可能用文学的语言讲述科学发展的历程及著名科学家的故事。工作之余，我的几乎所有业余时间的写作都与科学和文化有关。

　　此时此刻正是北方的春天，窗外渐浓的绿色和灿烂阳光似乎传递着自然的某种气息和对生命的某种祈盼。我首先要感谢科学出版社科学人文分社的侯俊琳社长，没有他的发现和耐心细致的督促，就不会有系统的"科学的故事丛书"的出现。

　　2015年春天，当俊琳社长与我讨论关于丛书的策划和内容时，我深深感到一位出版人的远见和博大胸怀。这是一件非常有意义、也很有吸引力的工作。我认为，我们的一切发展都必须以脚下的历史为根基。只有在传承科学积淀和历史文化的基础上，我们才能将人类的科学文化发扬光大，并进一步开创美好的未来。以往，在自然哲学和自然科学方面，我们忽视了对历史的关注，本套丛书的出版就是为了弥补这方面的不足。

　　书中配了适量有趣的漫画插图，线条流畅、幽默风趣，与文字配合默契，使所叙述的故事更加生动、直观和亲切，使读者平添一种身临其境的感觉。本套丛书面向的是那些具有中学以上文化程度的读者，他们对数学、物理学、化学、生物学、天文学、地理学和自然的基础知识有一定了解和理解，同时渴望知道科学的起源，渴望走近源头汩汩不息的溪流。

感谢所有为本套丛书的出版付出心血的人，感谢科学出版社相关领域的专家和审稿人为丛书的面世所做的大量工作，作者从中受益良多。特别感谢本书的责任编辑朱萍萍、张莉、田慧莹、程凤、张翠霞、刘巧巧等老师，他们本着精益求精的原则，对书稿的质量进行了严格把关，在审读、加工和校对的各个环节都表现出了高度的专业精神和责任感。感谢中国科学院自然科学史研究所张柏春所长和关晓武研究员的关心和支持，感谢潘云唐、郭园园、刘金岩、樊小龙、徐丁丁、崔衢、李亮、鲍宁等专家对丛书的仔细审阅和提出的建设性意见。

在此想说明的是，在篇幅有限的作品中，我特别注意文字的可读性、知识的教谕作用和思想的启蒙价值。可以说，书中的每一个单元都是一篇科学散文，我的初衷就是走进历史深处、挖掘科学文化。书中也表达了我在科学教育、科学研究及阅读、写作过程中产生的一些想法和观点，错误和不当之处在所难免，希望富有见解的读者和学者批评指正。

杨天林

2018 年 3 月